U0155186

印度数学和孙子算经

让你算得快算得准的古老法宝

梦远　编著

天津出版传媒集团
天津科学技术出版社

图书在版编目（CIP）数据

印度数学和孙子算经：让你算得快算得准的古老法宝 / 梦远编著 . -- 天津：天津科学技术出版社，2019.2（2024.5 重印）

ISBN 978-7-5576-5811-3

Ⅰ . ①印… Ⅱ . ①梦… Ⅲ . ①古典数学 – 印度②古算经 – 中国 Ⅳ . ① O113.51 ② O112

中国版本图书馆 CIP 数据核字（2018）第 259691 号

印度数学和孙子算经：让你算得快算得准的古老法宝

YINDU SHUXUE HE SUNZISUANJING RANG NI SUANDEKUAI SUANDEZHUN DE GULAO FABAO

策划编辑：杨　譞

责任编辑：杨　譞

责任印制：兰　毅

出　　版：天津出版传媒集团 / 天津科学技术出版社

地　　址：天津市西康路 35 号

邮　　编：300051

电　　话：（022）23332490

网　　址：www.tjkjcbs.com.cn

发　　行：新华书店经销

印　　刷：河北松源印刷有限公司

开本 880 × 1230　1/32　印张 8　字数 350 000

2024 年 5 月第 1 版第 6 次印刷

定价：39.80 元

前言

中国和印度同为世界文明古国，数学是中印两国古代科学中一门重要的学科，它的历史悠久，成就辉煌。印度数学的思想精髓最早记录在16条古印度吠陀经文上，“吠陀”在印度语中是“知识”“智慧”的意思，因此，印度数学也称“智慧数学”。

如今，印度数学的巨大价值已经在世界范围内得到广泛认可，在西欧、美国、东南亚，一股股印度数学研习热潮被不断掀起。印度数学之所以广受欢迎，最主要的原因是它能轻巧地为人们开启智慧之门。

本书一共介绍了十五式印度数学简算法，它们分别在加、减、乘、除运算中展现着“补数思想”的精髓。掌握了这套方法，你能在几秒钟内完成三位数、四位数的复杂运算，学会灵活多样的计算方法，有效提高创意思维能力。

中华民族也是智慧的民族，源远流长的数学文化造就了中国人的高智商。在中国古代数学名著中，《孙子算经》就像一颗耀眼的明珠，至今仍焕发着璀璨的光芒。《孙子算经》成书于公元4至5世纪，相传为孙武所著。《孙子算经》详细介绍了度量衡、筹算方法、约分术等中国传统数学常识，并收录了大量至今依然脍炙人口的数学名题、趣题，这些题目涉及市场交易、田亩、家畜、军旅、运输等与生活息息相关的主题，今天读来依然生动、亲切。而书中的巧思妙解，更是处处迸发思维火花，充满启发意义和借鉴价值。

对于书中介绍的约分、乘方、方程运算等内容，可能你已从学校教育中积累了这样的感受——这些内容简单而枯燥。但是读了本书后，你会发现神奇的数字魔方可以组合出新的、有趣的、令你难以置信的色彩和图案，由此获得更加充沛的思维能量。此外，书中还收录了《孙子算经》提到的各个层面的几何问题，如从点到线、从线到面、从面到体。本书将这些题目按照“一维空间”“二维空间”“三维空间”的框架整理出来，用以激发当代人的右脑能量，训练大家的观察力、形象思维能力、空间想象能力等。

数学是锻炼思维的体操，学好数学，将让人受益一生。本书将中印两国的数学精华熔为一炉，使读者不仅能从中印数学中继承思维法宝，提升逻辑思考能力、分析能力、想象能力、计算能力，还能领略中印传统文化的风采。阅读本书，儿童能启发数学思维，培养学习兴趣；中小学生能增强对应用数学的理解，让数学不再抽象；成年人将提升思维能力，在工作和学习中胜人一筹。

下面，就请打开本书，走进新奇、有趣的数学殿堂吧！

目录

上篇 印度数学

下篇　《孙子算经》

上篇
印度数学

第一章
系统印度数学——巧用补数

印度数学计算速度快，能在很短的时间内解答出高难度的运算。其中，补数思想，是印度数学简算法的核心思想之一，它生动地体现了印度数学的高速性、系统性。本章将介绍六式印度数学，它们是补数思想在加、减、乘、除四类 运算中得以应用的实例。不过，在开始详细讲解之前，我们得先明确什么是补数。

补数就是让一个数变成整十、整百、整千数诸如此类的数。比如说，1 就是让 9 变成 10 的补数，27 是让 73 变成 100 的补数，50 是让 2950 变成 3000 的补数。

第一式 ● +：一个加数增大，另一个加数减小

第二式 ● −：补数思想之于减法

第三式 ~ 第五式 ● ×：三类特殊的乘法运算

第六式 ● ÷：特殊除法竖式

第一式

+：一个加数增大，另一个加数减小

什么样的加法题目最好利用补数进行化简？ 如何化简？化简时应该注意什么？ 这样化简的意义是什么？ 一会儿，这些问题的答案将统统被揭晓，不过，现在大家还是耐下心来，利用你现有的计算知识，完成下列题目，并记录时间。

·| 学前自测 |·

计时……开始！

① 28+53=　② 49+36=　③ 98+27=

④ 96+25=　⑤ 109+57=　⑥ 158+38=

⑦ 195+357=　⑧ 1899+56=　⑨ 2396+77=

⑩ 9997+234=

用时		正确率	/10

答案：

① 81　② 85　③ 125　④ 121　⑤ 166　⑥ 196　⑦ 552

⑧ 1955　⑨ 2473　⑩ 10231

·印度数学第一式·

需要进位的加法运算：

步骤①：两个加数中更接近整十、整百、整千诸如此类的那个加上它的补数；

步骤②：从另一个加数中减去这个补数；

步骤③：前两步的得数相加。

·| 例题解析 |·

28+53=？

❶28 比 53 更接近整十数，用 28 加上补数 2。

28+2=30

❷从 53 中减去 2。

53−2=51

❸前两步的得数相加。

30+51=81

最终答案：81

计算步骤图示
① 28 + [2] =30
② 53 − [2] =51
③ 30 + 51 =81

·| 练习 |·

三位数、四位数加法是否可以利用补数化简呢？

195+357=？

[1] 195 比 357 更接近整百数，用 195 加上补数 5。

195+5=200

注意：虽然 357 和整十数 360 只相差 3，但是，这道题将 195 转化成整百数会更简便。

2 从 357 中减去 5。

357−5=352

3 前两步的得数相加。

200+352=552

最终答案：552

计算步骤图示
① 195 + 5 =200
② 357 − 5 =352
③ 200 + 352 =552

9997+234=？

1 9997 比 234 更接近整万数，用 9997 加上补数 3。

9997+3=10000

2 从 234 中减去 3。

234−3=231

3 前两步的得数相加。

10000+231=10231

最终答案：10231

计算步骤图示
① 9997 + 3 =10000
② 234 − 3 =231
③ 10000 + 231 =10231

·| 利用印度数学第一式，完成下面的计算 |·

提示：计算时盖住右边的答案，完成全部题目后再核对答案。

问题 / 

① 49+36=

答案 / 

计算步骤图示
① 49 + 1 =50
② 36 − 1 =35
③ 50 + 35 =85
最终答案：85

② 96+25=

计算步骤图示

① 96 + [4] =100

② 25 − [4] =21

③ 100 + 21 =121

最终答案：121

③ 109+57=

计算步骤图示

① 109 + [1] =110

② 57 − [1] =56

③ 110 + 56 =166

最终答案：166

④ 158+38=

计算步骤图示

① 158 + [2] =160

② 38 − [2] =36

③ 160 + 36 =196

最终答案：196

⑤ 2396+77=

计算步骤图示

① 2396 + [4] =2400

② 77 − [4] =73

③ 2400 + 73 =2473

最终答案：2473

·丨知识回览丨·

做完例题和全部练习之后， 你应该已经能够回答本节开头的那几个问题了：

（1）什么样的加法题目最好利用补数进行化简?

通常情况下，出现了进位情况的加法题最好利用补数进行化简。看两个式子：23+11=？ 无须利用补数化简求解，因为这个式子不涉及进位问题，用正常方法计算就非常简单；39999+4508=？ 几乎每个数位都要向前进位，所以，如果利用补数将 39999 转化为 40000，问题就会简单很多。

（2）如何化简?

“印度数学第一式”已经对这个问题进行了明确回答，我们也已经实际操练了几道题，所以，这里就不赘述了。

（3）化简时应该注意什么?

利用补数化简加法算题应该注意两点：

首先， 千万不要忘记步骤②——从另一个数中减去前一个数加上的补数，这样，运算过程才能保持平衡。

其次，要根据数字特征合理选择补数。究竟利用哪个数的补数？求整十数的补数，还是整百数、整千数，甚至整万数的补数？ 这些细节要慎重考虑。不过，当你的做题量积累到一定程度时，你就会对数字产生敏感并能在瞬间做出准确判断。

（4）这样化简的意义是什么?

利用补数将加数化零为整，可以避免进位带来的麻烦和错误，让数字和计算变得更简单、更顺畅。当你运算时，你说你是愿意遇到 100000 呢，还是 99998 呢?

第二式

一：补数思想之于减法

什么样的减法题目最好利用补数进行化简？ 如何化简？ 应该注意些什么？ 这种化简方式能够为计算带来哪些便捷？ 我们还是先做几道自测题，然后再对上述问题一一作答。

·| 学前自测 |·

计时……开始！

① 52−8=　　② 74−9=　　③ 47−18=

④ 91−53=　　⑤ 113−59=　　⑥ 801−65=

⑦ 435−146=　　⑧ 812−298=　　⑨ 1622−37=

⑩ 2561−489=

用时		正确率	/10

答案：

①44　②65　③29　④38　⑤54　⑥736　⑦289　⑧514

⑨1585　⑩2072

下面让我们一起来看一看印度数学如何利用补数化简减法算题。

·印度数学第二式·

需要借位的减法运算：

步骤①：将被减数分解成两部分：

整十、整百或整千数（小于被减数）和余下的数；

步骤②：将减数分解成两部分：

整十、整百或整千数（大于减数）和补数；

步骤③：将前两步中的整十、整百或整千数相减，将余下的数和补数相加；

步骤④：将步骤③中的两个结果相加。

·| 例题解析 |·

52-8=？

❶将被减数 52 分解成整十数 50 和余下的数 2。

52 ⟶ 50　2

❷将减数 8 分解成整十数 10 和补数 2。

8 ⟶ 10　2

❸整十数 50 减去 10，余下的数 2 加上补数 2。

$50-10=40$　　$2+2=4$

❹将 40 和 4 相加。

$40+4=44$

提示：当 52–8 变成 50–10 后，被减数比原来少 2，减数比原来多 2；因此，要在 50–10 的基础上加 4。

最终答案：44

·| 练习 |·

47-18=？

1 将被减数 47 分解成整十数 40 和余下的数 7。

47 ——→ 40　7

2 将减数 18 分解成整十数 20 和补数 2 两部分。

18 ——→ 20　2

3 整十数 40 减去 20，余下的数 7 加上补数 2。

40–20=20　　7+2=9

4 将 20 和 9 相加。

20 ＋ 9=29

最终答案：29

113-59=？

1 将被减数 113 分解成整百数 100 和余下的数 13。

113 ——→ 100　13

2 将减数 59 分解成整十数 60 和补数 1。

59 ——→ 60　1

3 整百数 100 减去整十数 60，余下的数 13 加上补数 1。

100–60=40　　13+1=14

4 将 40 和 14 相加。

40 ＋ 14=54

最终答案：54

435−146=？

1 将被减数 435 分解成整百数 400 和余下的数 35 两部分。

435 ⟶ 400　35

2 将减数 146 分解成整十数 150 和补数 4 两部分。

146 ⟶ 150　4

3 整百数 400 减去整十数 150，余下的数 35 加上补数 1。

400−150=250　　35+4=39

4 将 250 和 39 相加。

250+39=289

最终答案：289

·| 利用印度数学第二式，完成下面的计算 |·

提示：计算时盖住右边的答案，完成全部题目后再核对答案。

① 74−9=

计算步骤图示

① 74 ⟶ 70　4

② 9 ⟶ 10　1

③ 70 − 10 =60，4 + 1 =5

④ 60 + 5 =65

最终答案：65

② 801−65=

计算步骤图示

① 801 ⟶ 800　1

② 65 ⟶ 70　5

③ 800 − 70 =730，1 + 5 =6

④ 730 + 6 =736

最终答案：736

③ 2561−489=

计算步骤图示

① 2561 ⟶ 2500　61

② 489 ⟶ 500　11

③ 2500 − 500 =2000，61 + 11 =72

④ 2000 + 72 =2072

最终答案：2072

·| 知识回览 |·

最后，我们来讨论本节开头的那几个问题：

（1）什么样的减法题目最好利用补数进行化简？

很显然，存在借位情况的减法题目最好利用补数化简。对于 58−2、48−17 这些不需要借位的题目，我们用通常的方法便能口算出结果，没必要用补数化简它们。但是，812−298、2561−789 这样的题目就不同了，它们涉及借位问题，而借位容易造成思维障碍，影响计算结果的正确性，这种影响在多位数减法中更明显，比如 2561−789——多个数位需要连续借位。利用补数将算式化简便可以消除或者减少借位造成的不便。

（2）如何化简？

请大家参考“印度数学第二式”的例题和练习题。

（3）化简应该注意什么？

利用补数简化减法运算应该注意两点：

首先，不要弄错计算符号。一定要记清楚：被减数和减数的整十、整百或整千数之间做减法，被减数余下来的数和减数的补数之间做加法，而这一减一加的结果之间又做加法。

其次，要根据数字特征对被减数和减数进行合理拆分。例如2561–489这道题，被减数2561可以拆分成2000和561，也可以拆分成2500和61，还可以拆分成2560和1；减数489可以拆分成500和补数11，也可以拆分成490和补数1。面对如此之多的可选情况，我们最终选择将2561拆分成2500和61，将489拆分成500和补数11。因为2500–500不必借位，得数一看便知；61+11，不必进位，结果也可以口算得出；而最后将这两部分的结果合并时，同样非常简便。所以，在平日练习时，大家要试着考虑各种可能情况，选择最简便的计算方式。

（4）这样化简方式能够为计算带来哪些便捷？

毫无疑问，在减法运算中应用补数思想，可以非常有效地避免或减少借位造成的思维障碍和计算错误。

第三式～第五式

×：三类特殊的乘法运算

乘法运算是印度数学大显神威的领域。接下来我们将看到另外三种印度数学简算法，它们全部得益于补数思想的应用。

类型一：两个乘数中间存在整十、整百、整千数

在乘法计算题中，如果两个乘数的中间数是整十、整百或者整千数，这道题便可以减算了。举个例子：乘法算题17×23，因为17和23的中间数是整十数20，我们能够利用补数思想瞬间求计算结果。至于如何减算，等你完成了下面的“学前自测”题再揭晓。

·|学前自测|·

计时……开始！

①17×23=　②28×32=　③36×44=

④55×65=　⑤79×81=　⑥96×104=

⑦107×113=　⑧148×152=　⑨999×1001=

⑩1985×2015=

用时		正确率	/10

答案：

① 391　② 896　③ 1584　④ 3575　⑤ 6399　⑥ 9984

⑦ 12091　⑧ 22496　⑨ 999999　⑩ 3999775

· 印度数学第三式 ·

被乘数和乘数中间存在整十、整百或整千数的乘法运算：

步骤①：找到被乘数和乘数的中间数——也就是那个整十、整百或整千数，并将这个中间数乘二次方；

步骤②：求被乘数（或乘数）与中间数的差，并将其乘二次方；

步骤③：用步骤①的得数减去步骤②的得数。

·| 例题解析 |·

17×23=？

中间数

17 ← 3 → 20 ← 3 → 23

❶被乘数 17 和乘数 23 的中间数是 20，将 20 乘二次方。

$20^2=20\times20=400$

❷被乘数 17（或乘数 23）与中间数 20 的差是 3，将 3 乘二次方。

$3^2=3\times3=9$

❸用 400 减去 9。

400−9=391

最终答案：391

·| 原理阐释 |·

想一想，这种简算法合理吗？

如果你了解平方差公式（$a+b$）×（$a-b$）$=a^2-b^2$，你就会发现印度数学第三式其实就是对平方差公式的完美应用。

$17\times23=(20-3)\times(20+3)=20^2-3^2=391$

如果你不熟悉平方差公式，那就画个长方形，用求面积的方法检验一下吧！

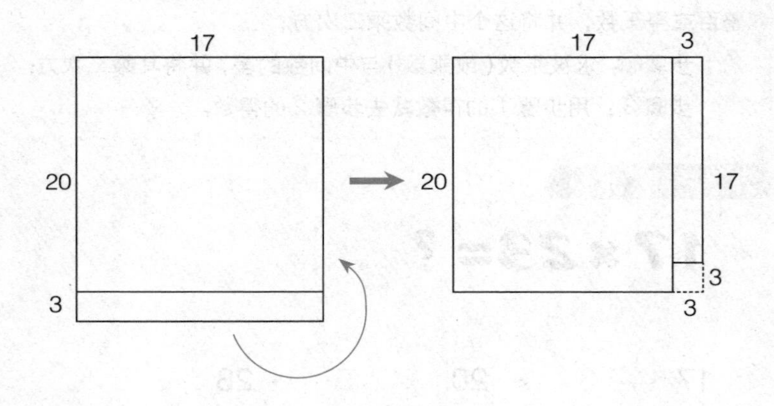

长 23、宽 17 的长方形，它的面积是：23 × 17=391。

将阴影部分移接到箭头所示的位置后，新图形是一个边长为 20 的大正方形残缺了一个边长为 3 的小正方形。求这个新图形的面积只需用大正方形的面积减去小正方形的面积：

大正方形的面积：20 × 20=400……………… 对应步骤①

小正方形的面积：3 × 3=9…………………… 对应步骤②

新图形的面积：400−9=391 ………………… 对应步骤③

> 结果和原长方形的面积相等，解答过程和印度数学简算法的计算过程完全相同！

·| 练习 |·

96×104=？

中间数

96 ←— 4 —→ 100 ←— 4 —→ 104

1 被乘数 96 和乘数 104 的中间数是 100，将 100 乘二次方。

$100^2=100\times100=10000$

2 被乘数 96（或乘数 104）与中间数 100 的差是 4，将 4 乘二次方。

$4^2=4\times4=16$

3 用 10000 减去 16。

10000−16=9984

最终答案：9984

148×152=？

中间数

148 ←— 2 —→ 150 ←— 2 —→ 152

1 被乘数 148 和乘数 152 的中间数是 150，将 150 乘二次方。

$150^2=150\times150=22500$

2 被乘数 148（或乘数 152）与中间数 150 的差是 2，将 2 乘二次方。

$2^2=2\times2=4$

3 用 22500 减去 4。

22500−4=22496

最终答案：22496

·| 利用印度数学第三式，完成下面的计算 |·

提示：计算时盖住右边的答案，完成全部题目后再核对答案。

问题 / 

① 36 × 44=

答案 / 

计算步骤图示

① 36 和 44 的中间数是 40

$40^2=1600$

② 36（44）和 40 的差是 4

$4^2=16$

③ 1600−16=1584

最终答案：1584

② $55 \times 65=$

计算步骤图示

① 55 和 65 的中间数是 60

$60^2=3600$

② 55（65）和 60 的差是 5

$5^2=25$

③ $3600-25=3575$

最终答案：3575

③ $107 \times 113=$

计算步骤图示

① 107 和 113 的中间数是 110

$110^2=12100$

② 107（113）和 110 的差是 3

$3^2=9$

③ $12100-9=12091$

最终答案：12091

④ $1985 \times 2015=$

计算步骤图示

① 1985 和 2015 的中间数是 2000

$2000^2=4000000$

② 1985（2015）和 2000 的差是 15

$15^2=225$

③ $4000000-225=3999775$

最终答案：3999775

类型二：至少有一个乘数接近 100

进行两位数乘法运算时，如果至少有一个乘数接近 100，运算便能得到化简。那么，什么数是接近 100 的数呢？这里，我们默认大于 90 的两位数是接近 100 的。先用你自己的方法计算几道这样的题目。

·| 学前自测 |·

计时……开始！

① 91×91=　　② 82×92=　　③ 73×93=

④ 64×94=　　⑤ 55×95=　　⑥ 46×96=

⑦ 37×97=　　⑧ 28×98=　　⑨ 19×99=

用 时		正确率	/9

答案：

① 8281　② 7544　③ 6789　④ 6016　⑤ 5225　⑥ 4416

⑦ 3589　⑧ 2744　⑨ 1881

· 印度数学第四式 ·

至少有一个乘数接近 100 的两位数乘法：

步骤①：以 100 为基数，分别找到被乘数和乘数的补数；

步骤②：用被乘数减去乘数的补数（或者用乘数减去被乘数的补数），把差写下来；

步骤③：两个补数相乘；

步骤④：将步骤③的得数直接写在步骤②的得数后面。

提示：步骤②两种计算方法结果相同，所以只用其中之一计算即可。为什么“被乘数 - 乘数的补数 = 乘数 - 被乘数的补数”呢？我们来证明一下，以 $a-b$ 这个式子为例：

a 的补数是：$100-a$

b 的补数是：$100-b$

被乘数 - 乘数的补数 $=a-(100-b)=a-100+b$

乘数 - 被乘数的补数 $=b-(100-a)=b-100+a$

$a-100+b=b-100+a$

所以，被减数 - 减数的补数 = 减数 - 被减数的补数

例题解析

91×91=？

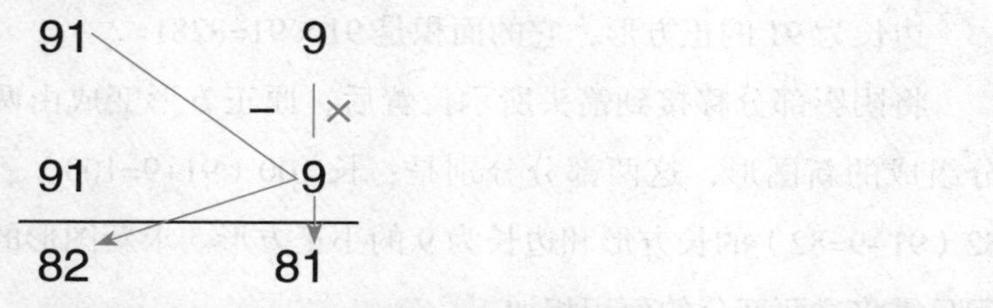

①以 100 为基数，被乘数和乘数同为 91，它们的补数相同，都是 9。

$91 \rightarrow 9$

$91 \rightarrow 9$

②用被乘数 91 减去乘数 91 的补数 9。

$91-9=82$

③两个补数 9 相乘。

$9 \times 9=81$

④将 81 直接写在 82 后面。

最终答案：8281

·| 原理阐释 |·

用计算图形面积的方式解析这种简算法：

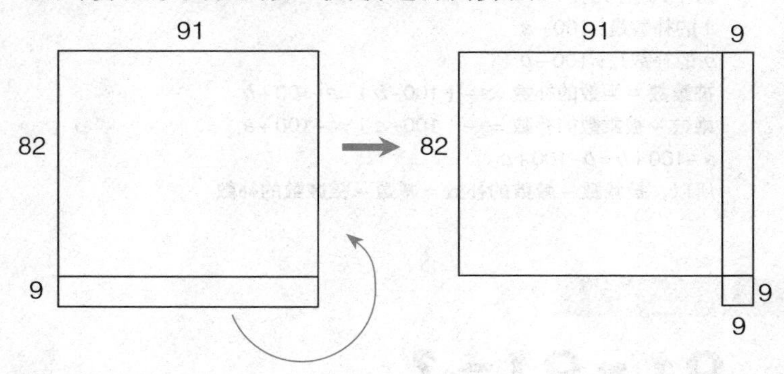

边长为 91 的正方形，它的面积是 91×91=8281。

将阴影部分移接到箭头所示位置后，原正方形变成由两部分组成的新图形，这两部分分别是：长 100（91+9=100）、宽 82（91−9=82）的长方形和边长为 9 的小正方形。求新图形的面积只需将这两部分的面积相加。

提示：步骤 ①去哪呢？移接图形的过程恰与步骤①对应。

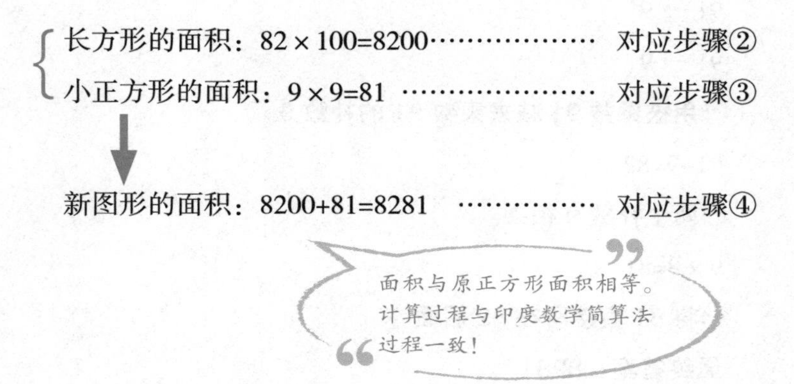

·| 练习 |·

55 × 95 = ?

1 以 100 为基数，被乘数 55 的补数是 45，乘数 95 的补数是 5。

55 → 45　　95 → 5

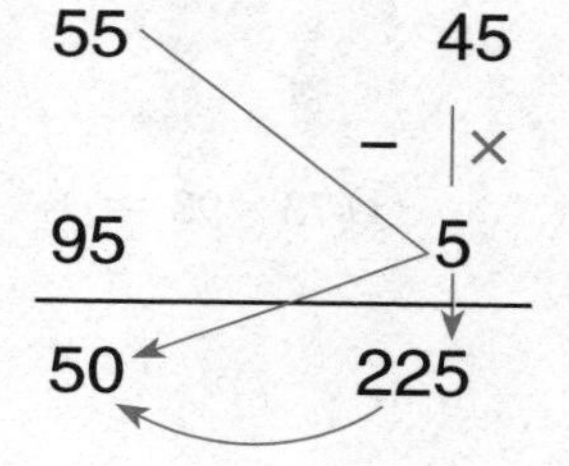

2 用被乘数 55 减去乘数 95 的补数 5。

55−5 =50

3 补数 45 和 5 相乘。

45 × 5 =225

4 在 50 后面直接写下 225，并将百位上的 2 进位到 50 的个位。

最终答案：5225

注意：当补数的乘积达到 100 后，记得向前进位！

19 × 99 = ?

1 以 100 为基数，被乘数 19 的补数是 81，乘数 99 的补数是 1。

19 → 81　　99 → 1

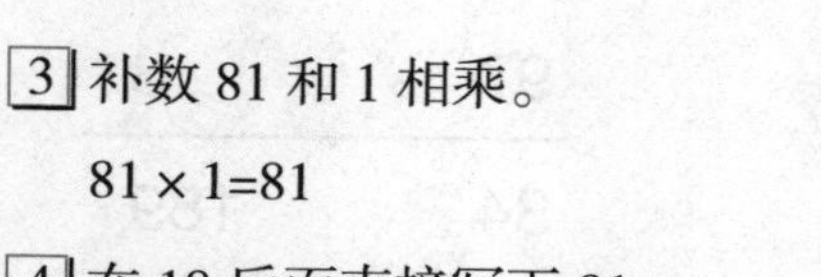

2 用被乘数 19 减去乘数 99 的补数 1。

19−1 =18

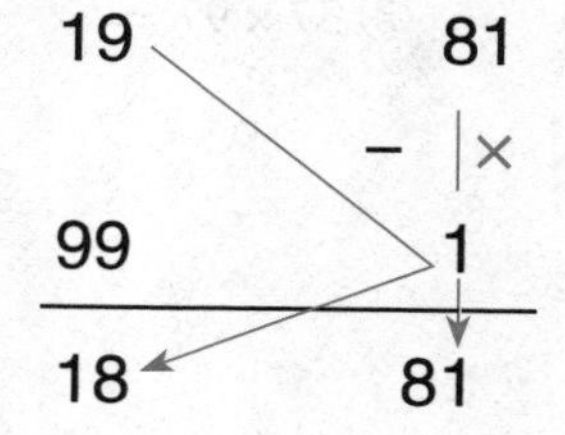

3 补数 81 和 1 相乘。

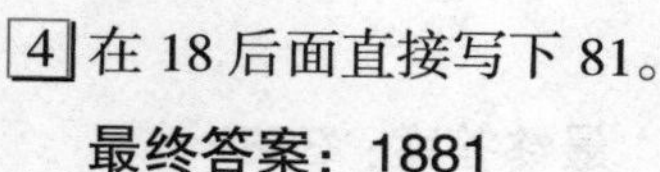

81 × 1=81

4 在 18 后面直接写下 81。

最终答案：1881

利用印度数学第四式，完成下面的计算

提示：计算时盖住右边的答案，完成全部题目后再核对答案。

问题 / 

答案 / 

① $73 \times 93 =$

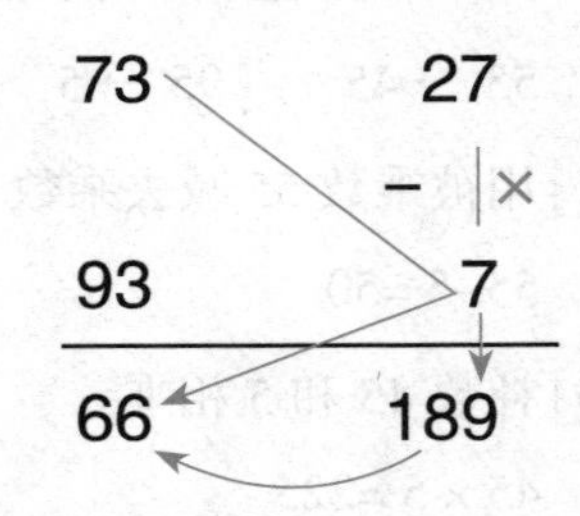

最终答案：6789

② $46 \times 96 =$

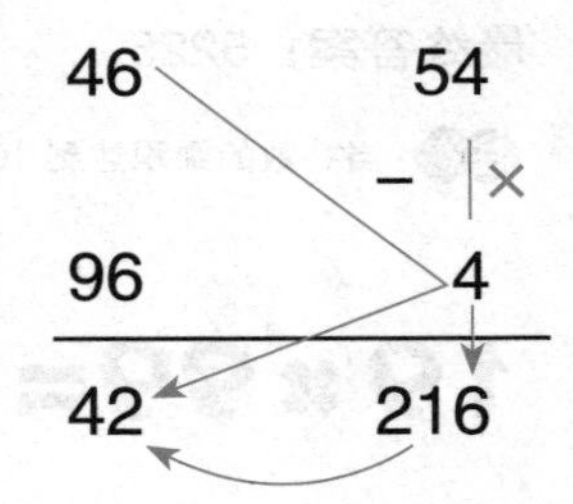

最终答案：4416

③ $37 \times 97 =$

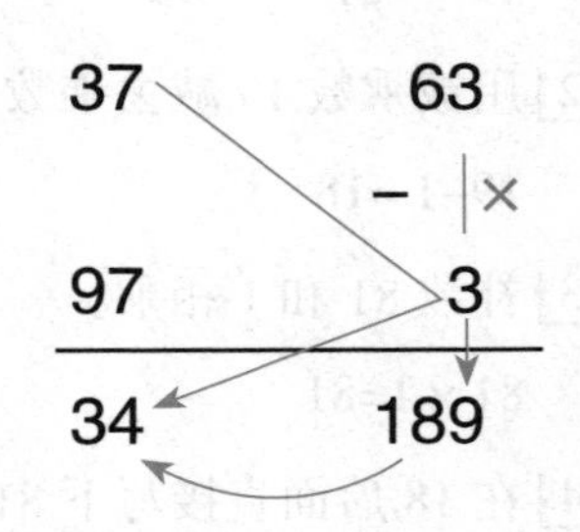

最终答案：3589

④ $28 \times 98 =$

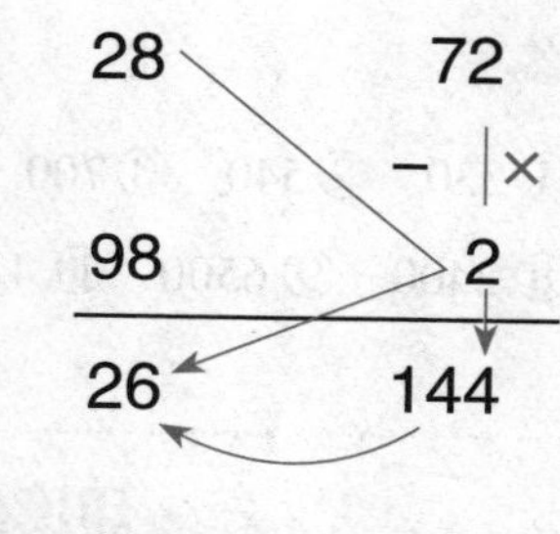

最终答案：2744

类型三：当 5 遇上偶数

我们知道 $5 \times 2=10$、$25 \times 4=100$、$125 \times 8=1000$，利用 5 和偶数相乘得整十、整百、整千数的规律，我们可以化简大量乘法题目。先以你常用的方法完成下列计算，之后你将领略“5”邂逅偶数的神奇。

·| 学前自测 |·

计时……开始！

① $22 \times 15=$　② $36 \times 15=$　③ $28 \times 25=$

④ $54 \times 25=$　⑤ $12 \times 35=$　⑥ $14 \times 35=$

⑦ $18 \times 75=$　⑧ $32 \times 75=$　⑨ $52 \times 125=$

⑩ $328 \times 125=$

用时		正确率	/10

答案：

①330 ②540 ③700 ④1350 ⑤420 ⑥490 ⑦1350

⑧2400 ⑨6500 ⑩41000

·印度数学第五式·

个位是5的数和偶数相乘：

步骤①：偶数除以2或者4或者8；

步骤②：个位是5的数相应地乘以2或者4或者8；

步骤③：将前两步的结果相乘。

·| 例题解析 |·

22×15=？

❶22是偶数，除以2。

$22 \div 2=11$

❷15个位数是5，乘以2。

$15 \times 2=30$

❸11和30相乘。

$11 \times 30=330$

最终答案：330

提示：在这一式中，补数并没有在解题过程中直接出现。个位是5的数通过乘以2或者4和8，使自己成为整十、整百或者整千数，这种“化零为整”的转变恰恰是补数思想的核心。

·| 练习 |·

$28 \times 25=?$

1 偶数 28 除以 4。

$28 \div 4=7$

2 25 乘以 4。

$25 \times 4=100$

3 7 和 100 相乘。

$7 \times 100=700$

最终答案：700

提示：为什么 25×4 而不乘以 2 呢？
$25 \times 2=50$，而 $25 \times 4=100$，乘以 4 可以凑出更"整"的数。所以，要根据每道题的数据特征决定究竟乘以 2、乘以 4 还是乘以 8。

$12 \times 35=?$

解法一：

1 偶数 12 除以 2。

$12 \div 2=6$

2 35 乘以 2。

$35 \times 2=70$

3 6 和 70 相乘。

$6 \times 70=420$

解法二：

1 偶数 12 除以 4。

$12 \div 4=3$

[2] 35 乘以 4。

$35 \times 4=140$

[3] 3 和 140 相乘。

$3 \times 140=420$

最终答案：420

提示：对 35 来说，无论 ×2 还是 ×4，对原式的简化程度相差不大，因此这两种方法可以任选其一。

·| 利用印度数学第五式，完成下面的计算 |·

提示：计算时盖住右边的答案，完成全部题目后再核对答案。

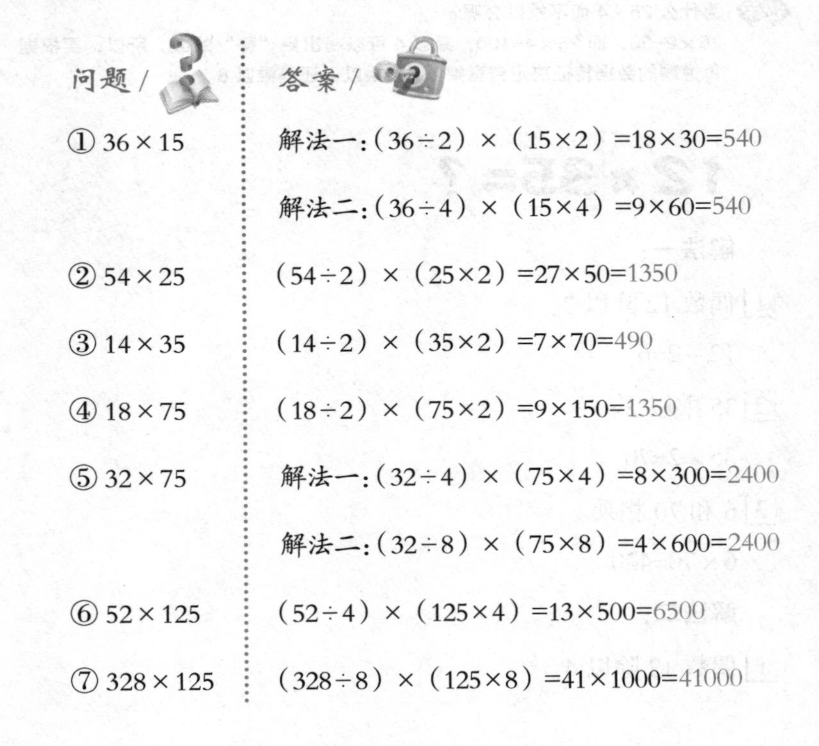

问题	答案
① 36×15	解法一：$(36 \div 2) \times (15 \times 2)=18 \times 30=540$
	解法二：$(36 \div 4) \times (15 \times 4)=9 \times 60=540$
② 54×25	$(54 \div 2) \times (25 \times 2)=27 \times 50=1350$
③ 14×35	$(14 \div 2) \times (35 \times 2)=7 \times 70=490$
④ 18×75	$(18 \div 2) \times (75 \times 2)=9 \times 150=1350$
⑤ 32×75	解法一：$(32 \div 4) \times (75 \times 4)=8 \times 300=2400$
	解法二：$(32 \div 8) \times (75 \times 8)=4 \times 600=2400$
⑥ 52×125	$(52 \div 4) \times (125 \times 4)=13 \times 500=6500$
⑦ 328×125	$(328 \div 8) \times (125 \times 8)=41 \times 1000=41000$

第六式

÷：特殊除法竖式

在印度数学中，利用补数进行除法运算需要借助一种特别的竖式，这种除法竖式与我们通常使用的除法竖式差别很大。在这一节，我们将学习使用这种竖式，并用它简化计算过程。还是先用你习惯的方法完成以下除法算题。

·| 学前自测 |·

计时……开始！

① 54 ÷ 13=　　② 65 ÷ 28=　　③ 82 ÷ 37=

④ 413 ÷ 16=　　⑤ 635 ÷ 14=　　⑥ 786 ÷ 29=

⑦ 1234 ÷ 18=　　⑧ 3697 ÷ 26=　　⑨ 6982 ÷ 33=

用 时		正确率	/9

答案：

① 4……2　② 2……9　③ 2……8　④ 25……13

⑤ 45……5　⑥ 27……3　⑦ 68……10　⑧ 142……5

⑨ 211……19

·印度数学第六式·

除数是两位、非整十数的除法：

步骤①：将除数分解成整十数和补数；

步骤②：计算被除数除以整十数；

步骤③：步骤②求得的商乘以补数再加上上一步的余数作为下一步的被除数，这一过程不断交替，直至得出足够小的被除数；

步骤④：新被除数除以原除数；

步骤⑤：将商一栏相同数位上的得数相加，不同数位的得数顺次排列。

·| 例题解析 |·

54÷13=？

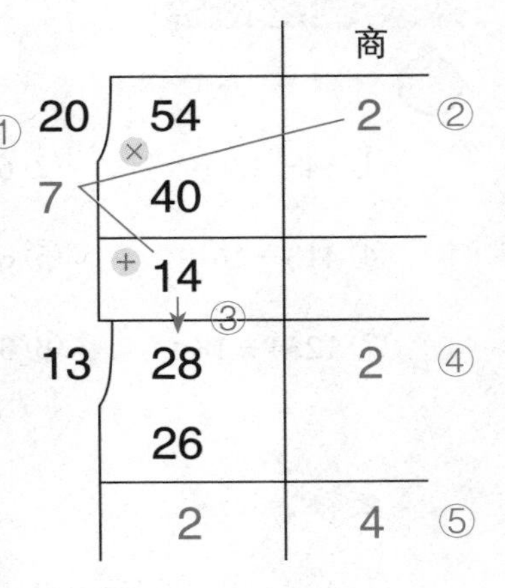

❶ 将除数 13 分解成整十数 20 和补数 7。

❷ 被除数 54 除以整十数 20，个位商 2，余 14。

❸ 步骤②求得的商 2 乘以补数 7 再加上上一步的余数 14，等于 28，作为下一步的被除数。

❹ 新被除数 28 除以原除数 13，个位商 2，余 2。

❺将商一栏相同数位上的数字相加：2+2=4。

最终答案：4……2

·| 练习 |·

413÷16=？

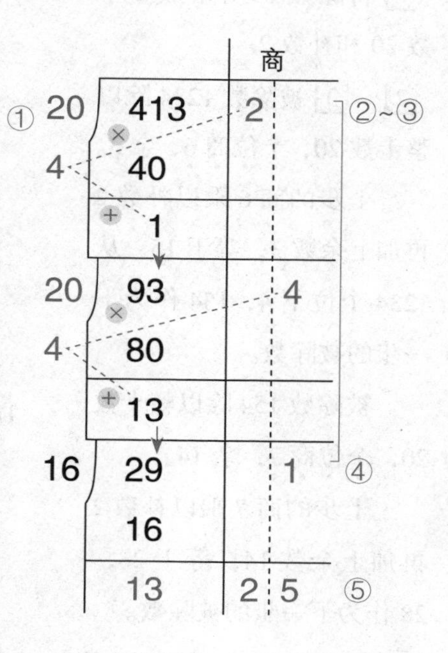

1 将除数16分解成整十数20和补数4。

2 ~ 3 被除数413除以整十数20，十位商2，余1。

上步的商2乘以补数4再加上余数1，等于9；从413的个位下3，以93作为下一步的被除数。

被除数93除以整十数20，个位商4，余13。

上步的商4乘以补数4再加上余数13，等于29，以29作为下一步的被除数。

4 新被除数29除以原除数16，十位商1，余13。

5 商一栏中的十位数字是2，个位数字是5（4+1=5）。

最终答案：25……13

1234÷18=？

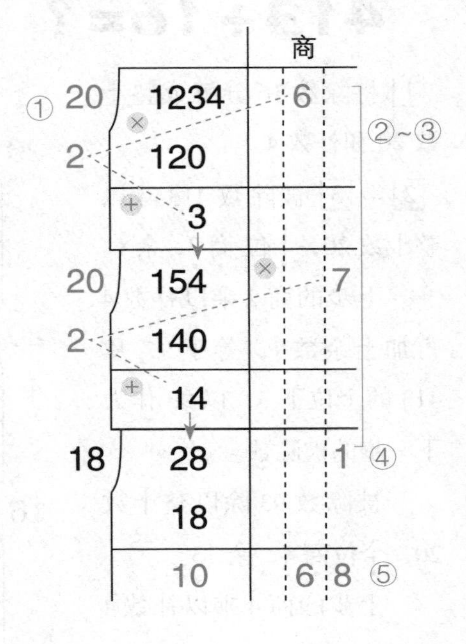

1 将除数 18 分解成整十数 20 和补数 2。

2 ~ 3 被除数 1234 除以整十数 20，十位商 6，余 3。

上步的商 6 乘以补数 2 再加上余数 3，等于 15，从 1234 个位下 4，154 作为下一步的被除数。

被除数 154 除以整十数 20，个位商 7，余 14。

上步的商 7 乘以补数 2 再加上余数 14，等于 28，28 作为下一步的被除数。

4 新被除数 28 除以原除数 18，个位商 1，余 10。

5 商一栏的十位上的数字是 6，个位上的数字是 7+1=8。

最终答案：68……10

·| 利用印度数学第六式，完成下面的计算 |·

提示：计算时盖住右边的答案，完成全部题目后再核对答案。

问题 /

① 65 ÷ 28=

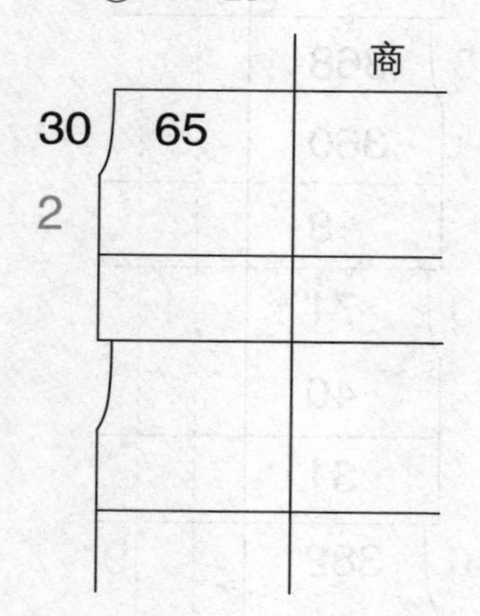

② 82 ÷ 37=

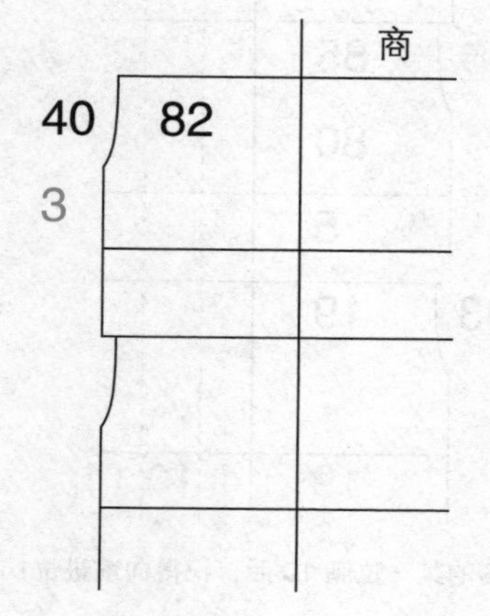

答案 /

65 ÷ 28=2……9

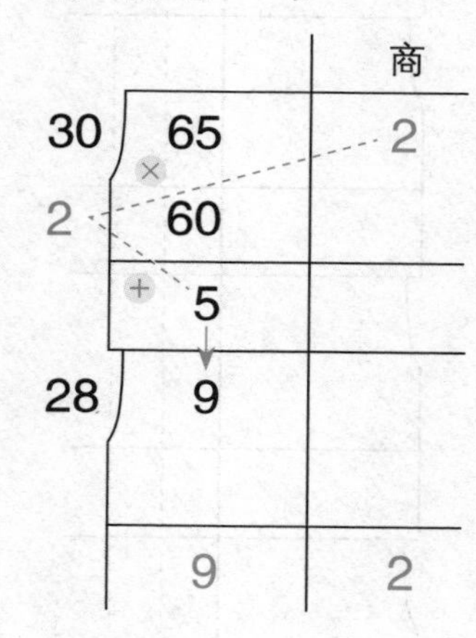

82 ÷ 37=2……8

商
40 82 2
×
3 80
+
2
37 8
8 2

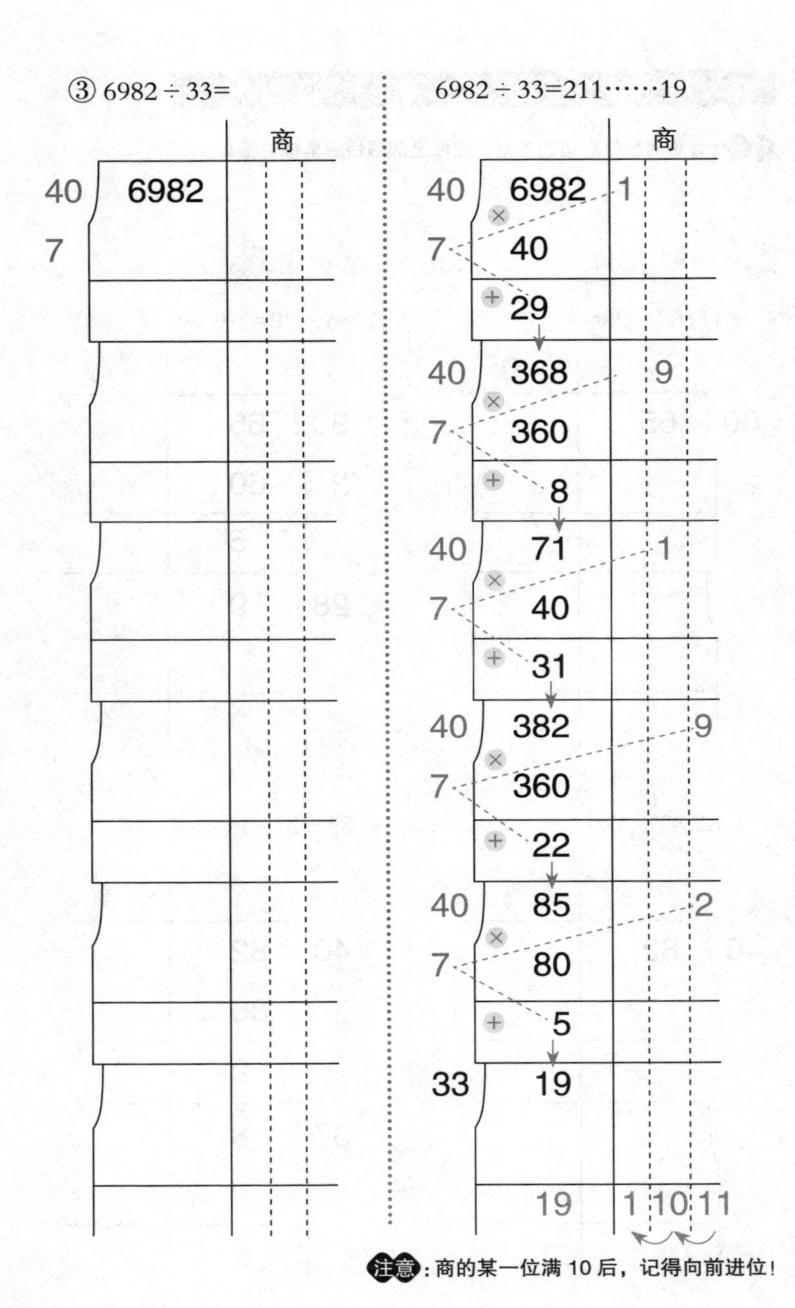

注意：商的某一位满 10 后，记得向前进位！

第二章

高速印度数学——时间的魔术

印度数学最突出的特点就是“快”。学完这一章，你将认识到你无限的头脑能量，并体会大脑运转如飞的畅快感觉。本章共介绍六式印度数学简算法，解决五种情境下的简算问题。

瞬间算出 95×95，参透 63×67 的心算秘诀……这些愿望将马上被你转化为现实。

第七式

11 段乘法揭秘

也许你早已对 11 段乘法的计算秘诀有所耳闻，不过你是否能够熟练地应用这一秘诀？如果你只用 2 秒钟就能心算出 26×11 的结果，你是否能同样迅速地计算 123×11 以及 4687×11？不管你对神奇的 11 段乘法理解到何种程度，都请先用你掌握的方法完成下面两组题目。

·| 学前自测 |·

计时……开始！

第一组：

① 13×11=　　② 26×11=　　③ 32×11=

④ 45×11=　　⑤ 57×11=　　⑥ 61×11=

⑦ 79×11=　　⑧ 88×11=　　⑨ 94×11=

用 时		正确率	/9

第一组：

① 123×11=　　② 324×11=　　③ 728×11=

④ 4687×11=　　⑤ 5005×11=　　⑥ 8922×11=

⑦ 25391 × 11=　　⑧ 35245 × 11=　　⑨ 92586 × 11=

用时		正确率	/9

第一组答案：

① 143　② 286　③ 352　④ 495　⑤ 627　⑥ 671　⑦ 869

⑧ 968　⑨ 1034

第二组答案：

① 1353　② 3564　③ 8008　④ 51557　⑤ 55055

⑥ 98142　⑦ 279301　⑧ 387695　⑨ 1018446

记录你的检测成绩，现在就让我们揭晓 11 段乘法的简算秘诀！

· 印度数学第七式 ·

任意数和 11 相乘：

步骤①：把和 11 相乘的数的首位和末位数字拆开，中间留出若干空位；

步骤②：把这个数各个数位上的数字依次相加；

步骤③：把步骤②求出的和依次填写在上一步留出的空位上。

注意：两位数和 11 相乘，因为比较简单，可以将步骤②和步骤③合并。

两位数和 11 相乘

·| 例题解析 |·

26×11=?

❶把 26 拆开，2 和 6 之间空出一个数位。

2□6

❷2+6=8，把 8 填在 2 和 6 之间的空位上。

2[8]6

最终答案：286

·| 原理阐释 |·

写一写 26×11 的竖式，你将会领悟隐藏在 11 段乘法秘诀背后的计算原理：

```
   26
 × 11
 ────
   26
   +
  26
 ────
  2[8]6
```

·| 练习 |·

61×11=?

[1] 把 61 拆开，6 和 1 之间空出一个数位。

6□1

2 6+1=7，把 7 填在 6 和 1 之间的空位上。

6 [7] 1

最终答案：671

94×11=？

1 把 94 拆开，9 和 4 之间空出一个数位。

9 [ ] 4

2 9+4=13，把 13 填在 9 和 1 之间的空位上。因为 13>10，向百位进 1！

9 [13] 4 → 10 [3] 4

最终答案：1034

·| 利用印度数学第七式，完成下面的计算 |·

提示：填空时盖住右边的答案，完成全部题目后再核对答案。

问题 /

① 13×11=1 [ ] 3

② 32×11= [ ] 5 [ ]

③ [ ] [ ] ×11=495

答案 / 

1 [4] 3

[3] 5 [2]

[4] [5]

提示：因为 4+5=9，可以断定没有发生进位的情况。大胆地在方格中依次添上 4 和 5 吧！

④ 57×11=5 □ 7 → □ □ 7

5 [12] 7 → [6] [2] 7

⑤ 79×11= □ 16 □ → □ 6 □

[7] 16 [9] → [8] 6 [9]

⑥ □ □ ×11=968

[8] [8]

提示：因为 9+8 ≠ 6，所以乘积的百位数字 9 一定是加上了从空位进上来的 1 后得到的，9–1=8，十位数空格里填 8；个位数字不会发生变动，可以推算出原来的被乘数是 88。

多位数和 11 相乘

印度数学 11 段的乘法秘诀用形象的语言表达就是“两边一拉，中间一加”，这种方法不仅适用于两位数和 11 相乘的情况，也适用于多位数与 11 相乘的情况。

·| 例题解析 |·

123×11=？

❶ 把 123 第一位上的数字 1 和最后一位上的数字 3 分开写下来，中间留两个空位。

1 □ □ 3

❷ 把 123 各个数位上的数字依次相加。

1+2=3

2+3=5

❸ 把 3 和 5 依次填在步骤①留出的两个空位上。

1 [3] [5] 3

最终答案：1353

·| 练习 |·

4687 × 11 = ?

[1] 把 4687 第一位上的数字 4 和最后一位上的数字 7 分开写下来，中间留三个空位。

4 [ ] [ ] [ ] 7

[2] 把 4687 各个数位上的数字依次相加。

4+6=10

6+8=14

8+7=15

[3] 把 10、14、15 依次填入步骤①留出的三个空位，**哪个数位满 10 就向前一位进 1。**

4 [10] [14] [15] 7 ⟶ 5 [1] [5] [5] 7

最终答案：51557

25391 × 11 = ?

[1] 把 25391 第一位上的数字 2 和最后一位上的数字 1 分开写下来，中间留四个空位。

2 [ ] [ ] [ ] [ ] 1

[2] 把 25391 各个数位上的数字依次相加。

2+5=7

5+3=8

3+9=12

9+1=10

[3] 在第一步留出的四个空位上依次填入第二步的结果。**哪个数位满 10 就向前一位进 1**。

2 [7] [8] [12] [10] 1 ⟶ 2 [7] [9] [3] [0] 1

最终答案：279301

·丨利用印度数学第七式，完成下面的计算丨·

提示：做题时盖住右边的答案，完成全部题目后再核对答案。

问题 / 

答案 / 

① 324 × 11=

计算步骤图示
步骤① 3 [ ] [ ] 4
步骤② 3+2=5　2+4=6
步骤③ 3 [5] [6] 4
最终答案：3564

② 728 × 11=

计算步骤图示
步骤① 7 [ ] [ ] 8
步骤② 7+2=9　2+8=10
步骤③ 7 [9] [10] 8 → 8 [0] [0] 8
最终答案：8008

③ $5005 \times 11=$

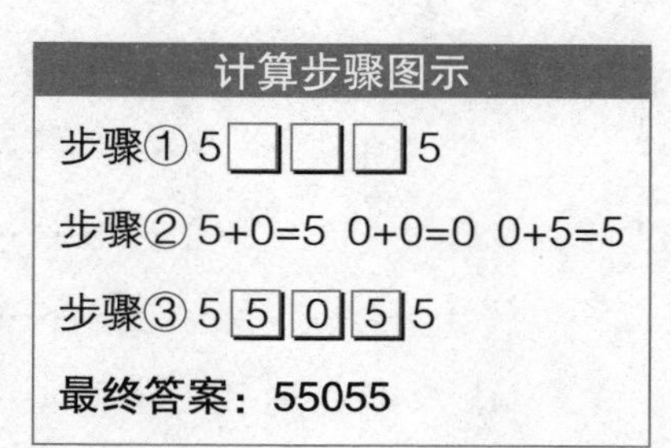

·| 拓展 |·

11 的数字游戏

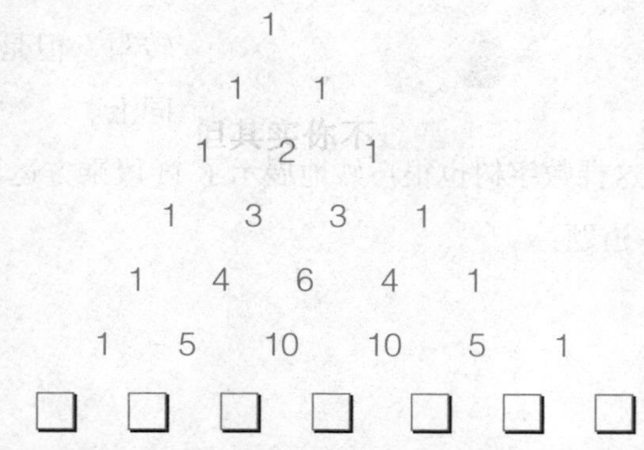

这是一棵数字圣诞树，想一想，最下面一排的小方格里应该填什么数字？仔细观察每排数字和上一排数字之间的关系，找出规律并不难。

现在我们来公布答案：最下面一排小方格中应该依次填入1，6，15，20，15，6，1。第一个□和最后一个□填 1，中间的几个□填入上一排相邻两数之和：比如第二个□里填 6，因为上一排与之相邻的 1 和 5 相加等于 6；第三个□里填 15，因为上一排与之相邻的 5 和 10 相加等于 15……

1

1　1 ……………………………1×11

1　2　1 ……………………………11×11

1　3　3　1 ……………………121×11

1　4　6　4　1 ………………1331×11

1　5　10　10　5　1 ………14641×11

□ □ □ □ □ □ □…… 从这排开始因为涉及进位问题，左边的数字树不再便于用算式转写，但是计算原理同上。

其实，这棵数字树也很巧妙地展示了11段乘方运算的结果，我们再做一道题：

11^0= 1

11^1= 11

11^2= 121

11^3= 1331

11^4= (　　)

……

你发现了吗——上面几道乘方计算题的结果恰好构成了一棵数字圣诞树。

括号里应填入的数字就写在上面那棵数字圣诞树的第5排：14641。

第八式
瞬间解答 95×95

95×95=？你打算如何计算这个已经接近 100 的乘方运算？数字小一些的同类算题你能在多长时间内完成？先来检测一下吧。

·| 学前自测 |·

计时……开始！

第一组：

① 15×15=　　② 25×25=　　③ 35×35=

④ 45×45=　　⑤ 55×55=　　⑥ 65×65=

⑦ 75×75=　　⑧ 85×85=　　⑨ 95×95=

用 时		正确率	/9

答案：

① 225　② 625　③ 1225　④ 2025　⑤ 3025　⑥ 4225

⑦ 5625　⑧ 7225　⑨ 9025

让我们看一看来自印度数学的启示：

·印度数学第八式·

个位是 5 的两位数乘方运算：

步骤①：十位上的数字乘以比它大 1 的数；

步骤②：在上一步得数后面紧接着写上 25。

·|例题解析|·

95×95=？

②将 25 直接写在这里

95 × 95 = 90 25

① 9×（9 + 1）= 90

❶十位上的数字 9 乘以比它大 1 的数 10。

9×10=90

❷在 90 后面写上 25。

最终答案：9025

·|练习|·

75×75=？

②将 25 直接写在这里

75 × 75 = 56 25

① 7×8=56

1 十位上的数字 7 乘以比它大 1 的数 8。

$7 \times 8=56$

2 在 56 后面写上 25。

最终答案：5625

·| 利用印度数学第八式，完成下面的计算 |·

提示：填空时盖住右边的答案，完成全部题目后再核对答案。

问题 /

① $15 \times 15=\square 25$

② $45 \times 45=\square 25$

③ $55 \times 55=30\square$

④ $65 \times 65=\square\square$

⑤ $85 \times 85=\square\square$

答案 /

1×2 ↓ $\boxed{2}\,25$

4×5 ↓ $\boxed{20}\,25$

5×5 ↓ $30\,\boxed{25}$

6×7 ↓ $\boxed{42}\,\boxed{25}$

8×9 ↓ $\boxed{72}\,\boxed{25}$

第九式

63×67 的心算秘诀

63×67=？数字似乎变得更没规律了，该怎么计算呢？下面是一些相同类型的计算题，先用你自己的方法小试一下身手吧！

·| 学前自测 |·

计时……开始！

第一组：

① 16×14=	② 22×28=	③ 31×39=
④ 46×44=	⑤ 58×52=	⑥ 63×67=
⑦ 79×71=	⑧ 84×86=	⑨ 95×95=

用 时		正确率	/9

答案：

① 224 ② 616 ③ 1209 ④ 2024 ⑤ 3016 ⑥ 4221
⑦ 5609 ⑧ 7224 ⑨ 9025

怎么样，你发现这组题目的特征了吗？

你的成绩如何？

想不想用印度数学的简算法给自己提提速？

· 印度数学第九式 ·

十位数相同，个位数相加得 10 的两位数乘法：

步骤①：十位上的数字乘以比它大 1 的数；

步骤②：个位数相乘；

步骤③：将步骤②的得数直接写在步骤①的得数后面。

·| 例题解析 |·

63×67=？

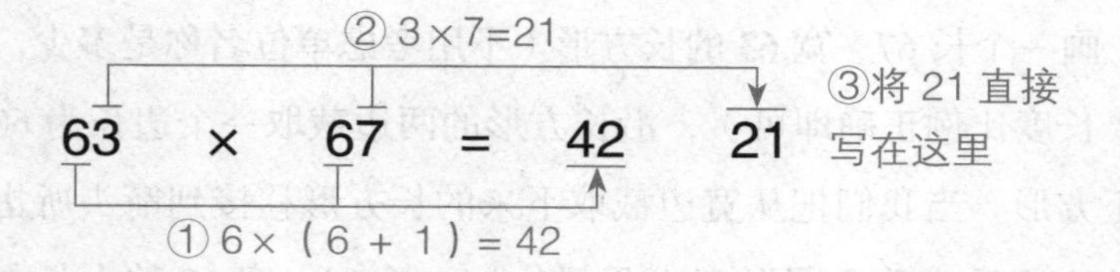

❶十位上的数字 6 乘以比它大 1 的数 7。

6×7=42

❷个位数字 3、7 相乘。

3×7=21

❸将 21 直接写在 42 之后。

最终答案：4221

·| 原理阐释 |·

你可能对这一式简算法存在疑惑：为什么“十位数相同，

个位相加等于10”的整数乘法就能这样计算？这种方法正确吗？我们如何更加形象地理解它？

现在，我们就以63×67为例用求长方形面积的方法探寻一下“印度数学第九式”的应用依据。

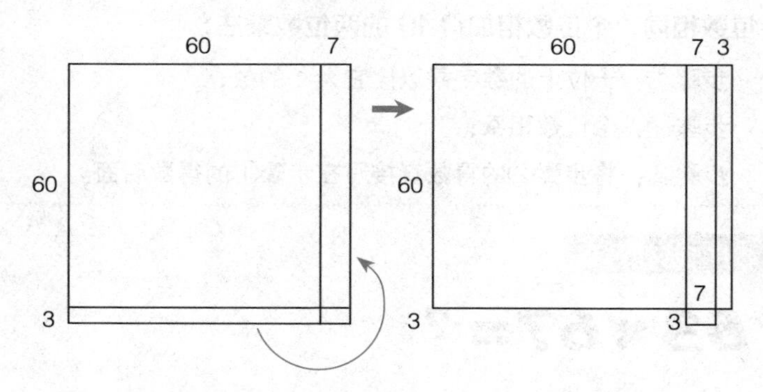

画一个长67、宽63的长方形（不用考虑单位名称是多少，只要长度比例正确即可），沿长方形的两边截取一个边长为60的正方形。当我们把从宽边截取下来的长方形移接到箭头所指的长边之后，整个图形变成两部分——长70、宽60的大长方形和长7、宽3的小长方形。计算新图形的面积只需将这一大一小两个长方形的面积相加：

大长方形面积：60×70=4200………相当于步骤①

小长方形面积：3×7=21……………相当于步骤②

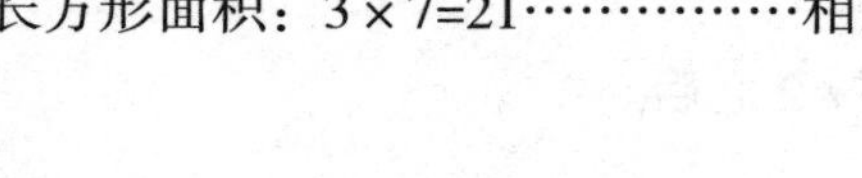

和印度数学简算法的计算过程完全相同。

新图形的面积：4200+21=4221 …… 相当于步骤③

提示：借助平面图形分析印度数学简算法的方式意义非凡：印度数学提供的简算法是一种抽象的数学运算法则，它训练左脑的数理思维能力，是激发左脑的瑜伽运动；而画出图形、分析图形却是开发右脑的有效手段，是锻炼右脑功能的瑜伽操。所以，在完成上述论证的同时，你其实已经练习了一套全脑瑜伽。

练习

16×14=？

② 6×4=24

16 × 14 = 2 24

③将 24 直接写在这里

① 1×(1+1)=2

[1] 十位上的数字 1 乘以比它大 1 的数 2。

1×2=2

[2] 个位数字 6、4 相乘。

6×4=24

[3] 将 24 直接写在 2 之后。

最终答案：224

79×71=？

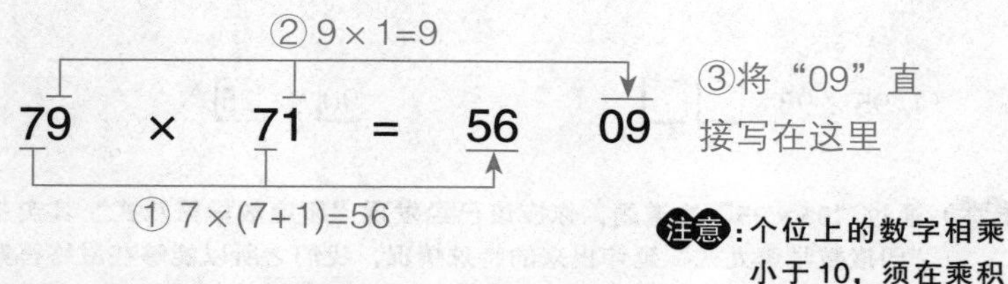

注意：个位上的数字相乘小于 10，须在乘积前面添加一个“0”。

[1] 十位上的数字 7 乘以比它大 1 的数 8。

7×8=56

[2] 个位数字 9、1 相乘。

9×1=9

3 将“09”直接写在 56 之后。

最终答案：5609

·| 利用印度数学第九式，完成下面的计算 |·

提示：填空时盖住右边的答案，全部填完后再核对答案。

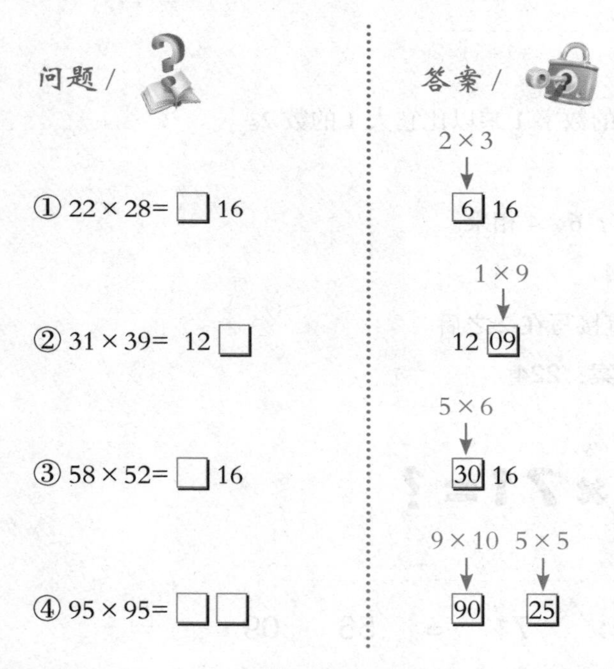

问题 /

① 22 × 28= □ 16

② 31 × 39= 12 □

③ 58 × 52= □ 16

④ 95 × 95= □□

答案 /

① 2 × 3 → 6 16

② 1 × 9 → 12 09

③ 5 × 6 → 30 16

④ 9 × 10 → 90　5 × 5 → 25

提示：通过“95 × 95”这道题，你应该已经发现“印度数学第八式”其实是由“印度数学第九式”延伸出来的特殊情况，我们之所以能够在最终答案的后两位直接写下 25，正是因为这类题目个位数字相乘（5 × 5）等于 25。所以，如果你希望少背几条简算法则，可以把第八式并入第九式，只记忆后者。

·| 拓展 |·

“印度数学第九式”的应用范围

下一段“印度数学第九式”提供的简算方法可以在多少道题目中得到应用呢？让我们一起来数一数吧！

在所有 100 以内的整数乘法中符合“十位数相等，个位数相加等于 10”这一标准的算式有：

11 × 19	12 × 18	13 × 17	14 × 16	15 × 15
21 × 29	22 × 28	23 × 27	24 × 26	25 × 25
31 × 39	32 × 38	33 × 37	34 × 36	35 × 35
41 × 39	42 × 48	43 × 47	44 × 46	45 × 45
51 × 59	52 × 58	53 × 57	54 × 56	55 × 55
61 × 69	62 × 68	63 × 67	64 × 66	65 × 65
71 × 79	72 × 78	73 × 77	74 × 76	75 × 75
81 × 89	82 × 88	83 × 87	84 × 86	85 × 85
91 × 99	92 × 98	93 × 97	94 × 96	95 × 95

如果我们把“11 × 19”“19 × 11”看作两道算题，那么框外的题目个数翻倍：2 ×（4 × 9）=72 个，再加上框内的乘方算题：72+9=81，一共有 81 个式子，也就是说“印度数学第九式”一共有 81 种适用情况。

第十式～第十一式
为“十位相同的两位数乘法”提速

前面的“印度数学第九式”已经教会我们如何简算十位数相同、个位数相加等于10的两位数乘法。下面我们将练习更具普遍性的题目，看一看在十位数相同、个位数任意的情况下，如何简化运算。我们将从11~19间的乘法谈起，然后再讨论其他段位的情况。现在，大家先用平时惯用的方法完成以下两组题目。

·| 学前自测 |·

计时……开始！

·| 第一组 |·

① $11\times15=$　　② $12\times13=$　　③ $13\times16=$

④ $14\times18=$　　⑤ $15\times17=$　　⑥ $16\times14=$

⑦ $17\times12=$　　⑧ $18\times15=$　　⑨ $19\times13=$

用 时		正确率	/9

·| 第二组 |·

① $24\times27=$　　② $34\times38=$　　③ $41\times45=$

④ 52 × 56=　　　⑤ 66 × 65=　　　⑥ 78 × 73=

⑦ 85 × 89=　　　⑧ 91 × 95=

用 时		正确率	/8

第一组答案：

① 165　② 156　③ 208　④ 252　⑤ 255　⑥ 224　⑦ 204　⑧ 270　⑨ 247

第二组答案：

① 648　② 1292　③ 1845　④ 2912　⑤ 4290　⑥ 5694　⑦ 7565　⑧ 8645

· 印度数学第十式 ·

十位数相同，个位数任意的两位数乘法：

步骤①：被乘数加上乘数个位上的数字，和乘以十位的整十数（11~19 段的就乘以 10，21~29 段的就乘以 20……）；

步骤②：个位数相乘；

步骤③：将前两步的得数相加。

注意：这里是将前两步得数相加，不是顺着抄写下来！

11~19 段位

· | 例题解析 | ·

15 × 17 = ?

❶15 加上 17 个位上的数字 7，和乘以十位的整十数 10。

$$15 \times 17 = ?$$

$$(15+7) \times 10 = 220$$

❷个位数 5 和 7 相乘。

$$15 \times 17 = ?$$

$$5 \times 7 = 35$$

❸将前两步的得数相加。

220+35=255

最终答案：255

·| 原理阐释 |·

用求长方形面积的方法检验第十式简算法是否合理：

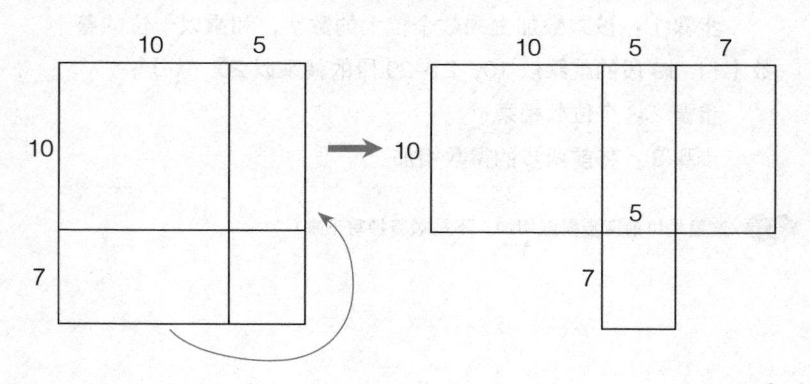

如图所示，阴影部分被转接到箭头所指位置后，原来的长方形（长 17，宽 15）变成了由一个大长方形（长 15+7，宽 10）和一个小长方形（长 7，宽 5）组成的新图形，这个新图形

的面积等于一大一小两个长方形的面积之和：

大长方形的面积：（15+7）×10=220 …对应步骤①

小长方形的面积：5×7=35 ……………对应步骤②

“和印度数学简算法的计算过程完全相同！”

新图形的面积是：220+35=255…………对应步骤③

·|练习|·

13×16=?

1 13 加上 16 个位上的数字 6，和乘以十位的整十数 10。

13 × 16 = ?

（13 + 6）× 10 =190

2 个位数字 3 和 6 相乘。

13 × 16 = ?

3 × 6 = 18

3 将前两步的得数相加。

190+18=208

最终答案：208

17×12=?

1 17 加上 12 个位上的数字 2，和乘以十位的整十数 10。

$$17 \times 12 = ?$$

$$(17+2) \times 10 = 190$$

2 个位数 7 和 2 相乘。

$$17 \times 12 = ?$$

$$7 \times 2 = 14$$

3 将前两步的得数相加。

190+14=204

最终答案：204

·| 利用印度数学第十式，完成下面的计算 |·

提示：计算时盖住右边的答案，完成全部题目后再核对答案。

问题 / 

答案 / 

① 11×15=

（11+5）×10+1×5=160+5=**165**

提示：这道题如果用 11 段乘法秘诀，会更简便！

② 14×18=

（14+8）×10+4×8=220+32=**252**

③ 16×14=

（16+4）×10+6×4=200+24=**224**

提示：这道题个位数之和等于 10，推荐使用“印度数学第九式”！

④ 18 × 15=　　(18+5) × 10+8 × 5=230+40=**270**

⑤ 19 × 13=　　(19+3) × 10+9 × 3=220+27=**247**

其他段位

其实，21~29、31~39、41~49……91~99 段整数乘法的简算法则与 11~19 段并无本质差别，只是个位数之和究竟乘以多少应由所在段位决定：在 11~19 之间的，乘以 10；在 21~29 之间的，乘以 20……在 91~99 之间的，乘以 90。

例题解析

24×27=?

❶24 加上 27 的个位数 7，和乘以十位的整十数 20。

❷个位数 4 和 7 相乘。

24 × 27 = ?

4 × 7 = 28

❸把前两步的得数相加。

620+28=648

最终答案：648

练习

52×56=？

1 52 加上 56 的个位数 6，和乘以十位的整十数 50。

$$52 \times 56 = ?$$

$$(52+6)\times 50 = 2900$$

2 个位数 2 和 6 相乘。

$$52 \times 56 = ?$$

$$2 \times 6 = 12$$

3 把前两步的得数相加。

2900+12=2912

最终答案：2912

利用印度数学第十式，完成下面的计算

提示：练习时盖住右边的答案，题目全部做完后再核对答案。

问题 	答案 
① 34×38=	（34+8）×30+4×8=1260+32=1292
② 41×45=	（41+5）×40+1×5=1840+5=1845
③ 66×65=	（66+5）×60+6×5=4260+30=4290
④ 78×73=	（78+3）×70+8×3=5670+24=5694

⑤ $85\times89=$ ⋮ $(85+9)\times80+5\times9=7520+45=7565$

·| 拓展 |·

针对十位相同的两位数乘法，印度数学还提供了另外一种简算方式：

· 印度数学第十一式 ·

十位数相同，个位数任意的两位数乘法：

步骤①：两个数十位的整十数相乘；

步骤②：个位数相加的和乘以十位的整十数；

步骤③：个位数相乘；

步骤④：把前三步的得数相加。

注意：步骤①是整十数相乘，不是十位上的数字相乘。

·| 例题解析 |·

$15\times17=?$

❶15 十位的整十数 10 乘以 17 十位的整十数 10。

$15\times17=?$

$10\times10=100$

注意：是 10×10，而不是 1×1。

❷个位数 5 和 7 相加的和乘以十位的整十数 10。

$15\times17=?$

$(5+7)\times10=120$

③个位数 5 和 7 相乘。

15 × 17 = ?

↓ ↓

5 × 7 = 35

④把前三步的得数相加。

100+120+35=255

最终答案：255

原理阐释

结合图形，想一想第十式简单法的合理性。

将长 17、宽 15 的长方形分割成如下四部分，它的面积等于四部分的面积之和：

	10	5
10	a	b
7	c	d

正方形 a 的面积：$10\times10=100$………………… 对应步骤①

长方形 b、c 的面积和：（5+7）$\times10=120$… 对应步骤②

长方形 d 的面积：$5\times7=35$ ………………… 对应步骤③

大长方形的面积：100+120+35=255 ········· 对应步骤④

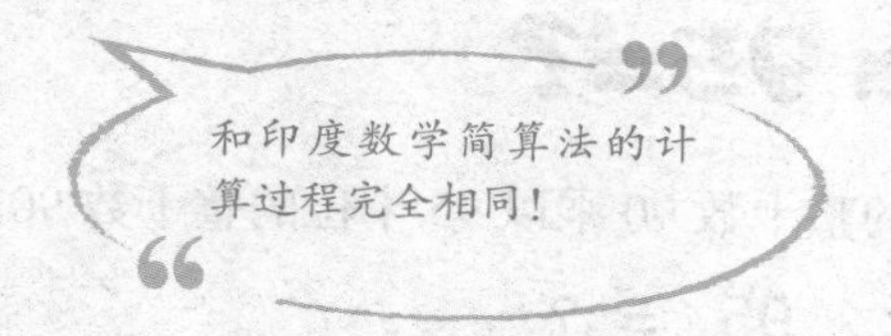

·| 练习 |·

我们再用“印度数学第十一式”计算一下其他段位的题目。

24×27=？

1 24 十位的整十数 20 乘以 27 十位的整十数 20。

$24 \times 27 = ?$

$20 \times 20 = 400$

2 个位数 4 和 7 相加，和乘以十位的整十数 20。

$24 \times 27 = ?$

$(4+7) \times 20 = 220$

3 个位数 4 和 7 相乘。

$24 \times 27 = ?$

$4 \times 7 = 28$

4 把前三步的得数相加。

400+220+28=648

最终答案：648

$91 \times 95=?$

1 91 十位的整十数 90 乘以 95 十位的整十数 90。

$$91 \times 95 = ?$$

$$90 \times 90 = 8100$$

2 个位数 1 和 5 相加，和乘以十位的整十数 90。

$$91 \times 95 = ?$$

$$(1+5) \times 90 = 540$$

3 个位数 1 和 5 相乘。

$$91 \times 95 = ?$$

$$1 \times 5 = 5$$

4 把前三步的得数相加。

8100+540+5=8645

最终答案：8645

·| 利用印度数学第十一式，完成下面的计算 |·

提示：做题时把右边的答案盖上，完成全部题目后再核对答案。

问题 /	答案 /
① 12×13=	10×10+（2+3）×10+2×3=156
② 34×38=	30×30+（4+8）×30+4×8=1292

③ $41 \times 45=$	$40 \times 40+(1+5) \times 40+1 \times 5=$**1845**
④ $52 \times 56=$	$50 \times 50+(2+6) \times 50+2 \times 6=$**2912**
⑤ $78 \times 73=$	$70 \times 70+(8+3) \times 70+8 \times 3=$**5694**
⑥ $85 \times 89=$	$80 \times 80+(5+9) \times 80+5 \times 9=$**7565**

提示：计算十位相同的两位数乘法，究竟用“印度数学第十式”还是“第十一式”，由你自己的喜好决定。比较而言，“第十式”更简便一些，因为它比“第十一式”少一个步骤。当然，也有人觉得“第十一式”思路更清晰，更便于记忆。所以，很难评断哪种方法更好、必须使用哪种方法。最适合你的，就是最好的和应该优先使用的。

第十二式

极速挑战 104 × 105

两个三位数相乘，计算难度按说已经很大了——你得在草稿纸上写写画画好一阵子。不过印度人在很久以前便练就了“一望算式，答案出口”的强大本领，只不过这样的三位数乘法得符合以下条件：两个乘数都在 100~110 之间。你可能会说“这有什么难的，我也能瞬间算出结果！”那就先试验几道题目吧。

·丨学前自测丨·

计时……开始！

① 101 × 104= ② 102 × 107= ③ 103 × 106=

④ 104 × 102= ⑤ 105 × 109= ⑥ 106 × 101=

⑦ 107 × 107= ⑧ 108 × 102= ⑨ 109 × 108=

用时		正确率	/9

答案：

① 10504 ② 10914 ③ 10918 ④ 10608 ⑤ 11445

⑥ 10706 ⑦ 11449 ⑧ 11016 ⑨ 11772

怎么样，你是否瞬间算出得数了呢？无论之前你的成绩如何，“印度数学第十二式”将让你拥有一眼参透三位数乘法的魔力。

·印度数学第十二式·

100 ~ 110 之间的整数乘法：

步骤①：被乘数加上乘数个位上的数字；

步骤②：个位上的数字相乘；

步骤③：将步骤②的得数直接写在步骤①的得数后面。

·| 例题解析 |·

105×109=？

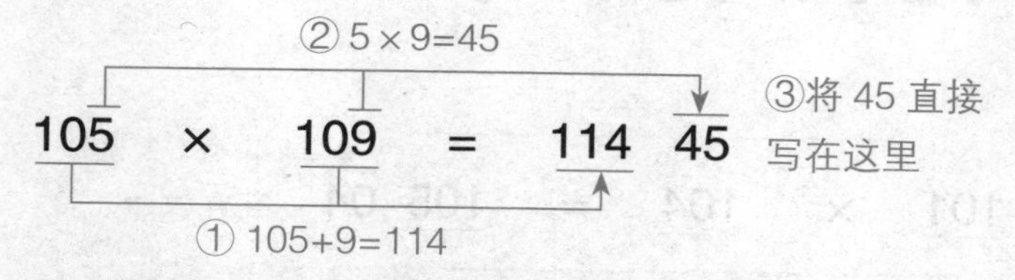

❶被乘数 105 加上乘数 109 个位上的数字 9。

105+9=114

❷两个数个位上的数字 5、9 相乘。

5×9=45

❸将 45 写在 114 之后。

最终答案：11445

·| 原理阐释 |·

写一写 105×109 的竖式，你会立刻明白印度数学是如何用心算法替换笔算法的。

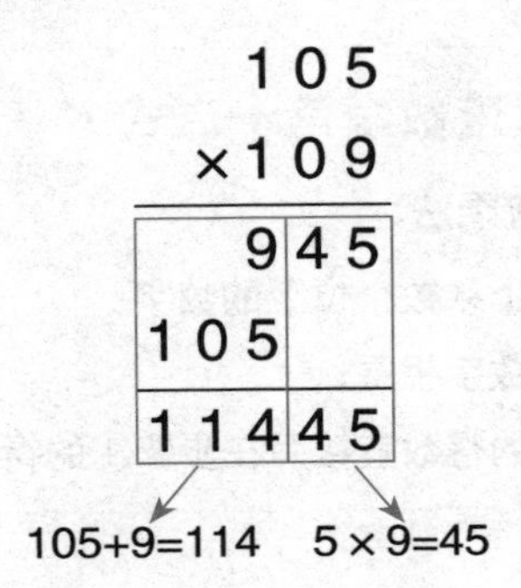

·| 练习 |·

101×104=？

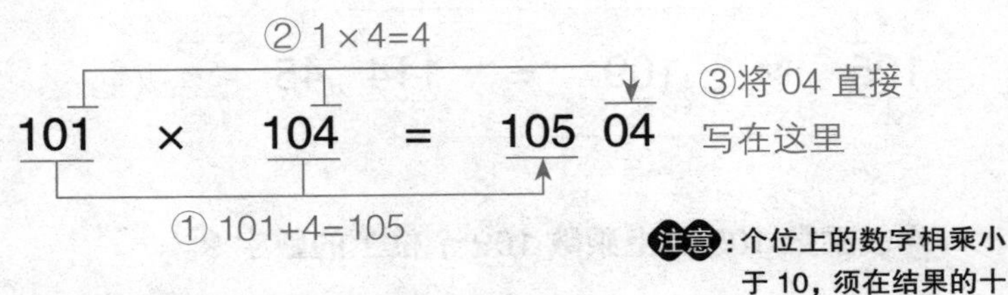

注意：个位上的数字相乘小于 10，须在结果的十位上补一个“0”。

1 被乘数 101 加上乘数 104 个位上的数字 4。

101+4=105

2 两个数个位上的数字 1、4 相乘。

1×4=4

3 将 04 写在 105 之后。

最终答案：10504

·| 利用印度数学第十二式，完成下面的计算 |·

提示：填空时盖住右边的答案，填完后再核对答案。

问题 /

① 102 × 107= □ 14

② 104 × 102= □ 08

③ 106 × 101=107 □

④ 108 × 102= □ □

⑤ 109 × 108= □ □

答案 /

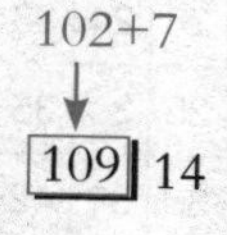

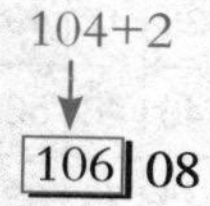

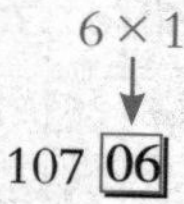

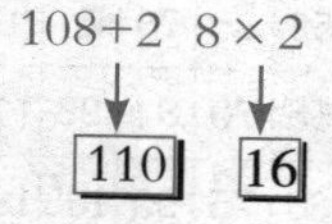

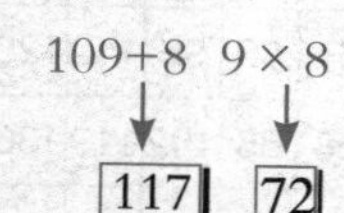

填写 19 × 19 段乘法表

这是一个不完全的 19 × 19 段乘法表，请你用这一章学过的简算方法，将此表格补充完整。

×	1	2	3	4	5	6	7	8	9	10	11	12	13	14	15	16	17	18	19
1	1	2	3	4	5	6	7	8	9	10	11	12	13	14	15	16	17	18	19
2	2	4	6	8	10	12	14	16	18	20	22	24	26	28	30	32	34	36	38
3	3	6	9	12	15	18	21	24	27	30	33	36	39	42	45	48	51	54	57
4	4	8	12	16	20	24	28	32	36	40	44	48	52	56	60	64	68	72	76
5	5	10	15	20	25	30	35	40	45	50	55	60	65	70	75	80	85	90	95
6	6	12	18	24	30	36	42	48	54	60	66	72	78	84	90	96	102	108	114
7	7	14	21	28	35	42	49	56	63	70	77	84	91	98	105	112	119	126	133
8	8	16	24	32	40	48	56	64	72	80	88	96	104	112	120	128	136	144	152
9	9	18	27	36	45	54	63	72	81	90	99	108	117	126	135	144	153	162	171
10	10	20	30	40	50	60	70	80	90	100	110	120	130	140	150	160	170	180	190
11	11	22	33	44	55	66	77	88	99	110	▲	▲	▲	▲	▲	▲	▲	▲	▲
12	12	24	36	48	60	72	84	96	108	120	▲							●	
13	13	26	39	52	65	78	91	104	117	130	▲						●		
14	14	28	42	56	70	84	98	112	126	140	▲					●			
15	15	30	45	60	75	90	105	120	135	150	▲				★				
16	16	32	48	64	80	96	112	128	144	160	▲			●					
17	17	34	51	68	85	102	119	136	153	170	▲		●						
18	18	36	54	72	90	108	126	144	162	180	▲	●							
19	19	38	57	76	95	114	133	152	171	190	▲								

提示：▲为 11 段乘法，应用印度数学第七式。

★为个位数是 5 的乘方运算，应用印度数学第八式。

●为十位数相同，个位数相加等于 10，应用印度数学第九式。

其他空位：十位数相同，个位数任意，应用印度数学第十或第十一式。

第三章

快乐印度数学——游戏放松操

轻松有趣是印度数学简算法的另一个突出特点。经过前两章的训练，相信你已经略感疲惫了。因此，在最后这一章，我们特别安排了三式好玩的头脑瑜伽放松操。为了让大家充分体验游戏般的快乐，本章不再安排任何检测和测验。

第十三式 ● 开心格子算
第十四式 ● 神奇的三角魔方
第十五式 ● 古老的结网计数法

第十三式

开心格子算

画好方格，在里面填数字，这种计算方式让人想起在方格砖上的跳房子游戏，或者和伙伴在方格本上连五子棋……

· 印度数学第十三式 ·

在格子中做加法：

步骤①：画好格子，填入加数；

步骤②：从高位向低位依次将两个加数相同数位上的数字相加，答案写在交叉格子内，交叉格子里的数字满十，须向前一位进 1；

步骤③：从高位向低位，将各个数位上的数字和依次相加。

注意：印度数学格子算的运算顺序是从高位到低位，这刚好与我们习惯的顺序相反。

· | 例题解析 | ·

35+26=？

①画好格子，按如下格式填入加数 35 和 26。

注意：箭头的这个位置一定要空出来。

+	↓	3	5
2			
6			
答			

❷将 35 和 26 相同数位上的数字相加。

先加十位上的数字。

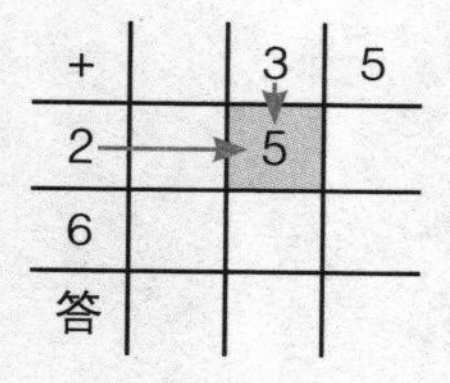

再加个位上的数字。

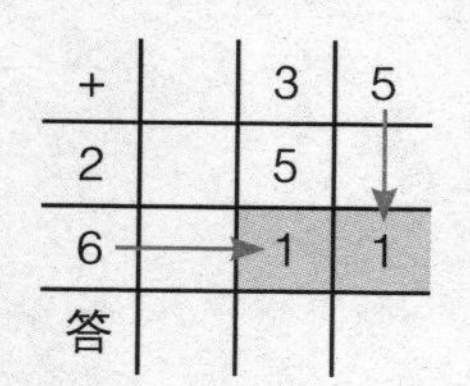

注意：11 满 10，个位上的 1 写在交叉格子里，十位上的 1 写在前一个格子中。

❸从十位向个位，将各个数位上的数字和依次相加。

+		3	5
2		5	
6		1	1
答		6	1

最终答案：61

·|练习|·

457+214=？

1 画好格子，按如下格式填入加数 457 和 214。

+		4	5	7
2				
1				
4				
答				

2 将 457 和 214 相同数位上的数字相加。

先加百位上的数字。

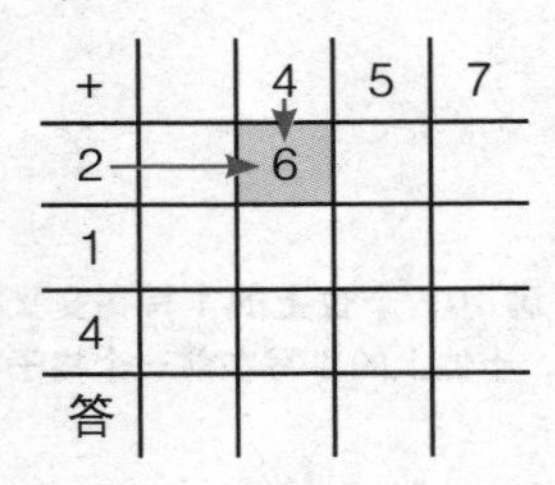

再加十位上的数字。

+		4	5	7
2		6		
1			6	
4				
答				

最后加个位上数字。

+		4	5	7
2		6		
1			6	
4			1	1
答				

3 从百位向个位，将各个数位上的数字和依次相加。

+		4	5	7
2		6		
1			6	
4			1	1
答		6	7	1

最终答案：671

2769+35=？

1 画好格子，按如下格式填入加数 2769 和 35。

+		2	7	6	9
0					
0					
3					
5					
答					

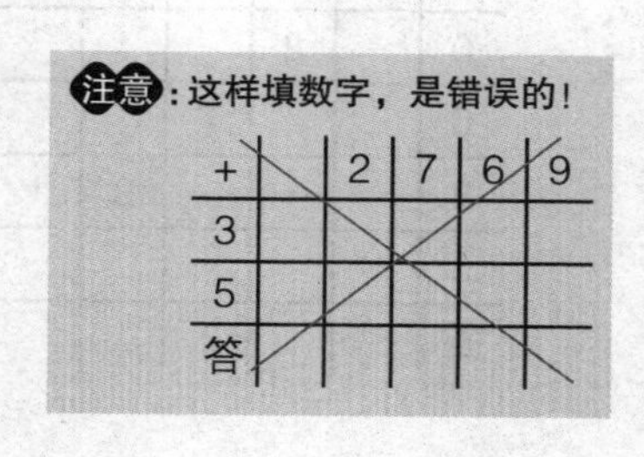

注意：把两个位数不同的加数填入格子时，一定要记得用 0 把缺少的数位补齐，使两个加数拥有相同的位数，然后再计算。

2 将 2769 和 35 相同数位上的数字相加。

先加千位上的数字。

+		2	7	6	9
0		2			
0					
3					
5					
答					

加百位上的数字。

+		2	7	6	9
0		2			
0			7		
3					
5					
答					

再加十位上的数字。

+		2	7	6	9
0		2			
0			7		
3				9	
5					
答					

最后加个位上的数字。

+		2	7	6	9
0		2			
0			7		
3				9	
5				1	4
答					

3 从千位向个位，将各个数位上的数字和依次相加。

+		2	7	6	9
0		2			
0			7		
3				9	
5				1	4
答		2	7	10	4

注意：十位满 10，需要向百位进 1。

最终答案：2804

·| 游戏时间 |·

注意：游戏时盖住右边的答案，遇到困难时再参看。

1. 二位数加法

① 48+25=

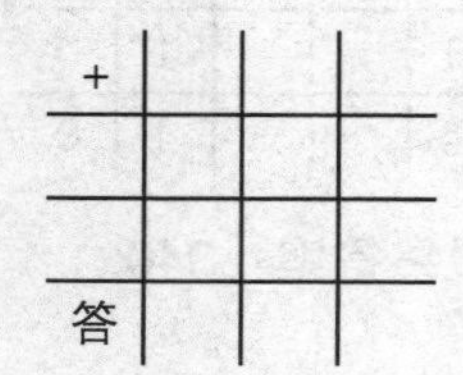

答案：

+		4	8
2		6	
5		1	3
答		7	3

最终答案：73

② 71+23=

+		
答		

③ 27+43=

+		
答		

2. 三位数加法

① 104+236=

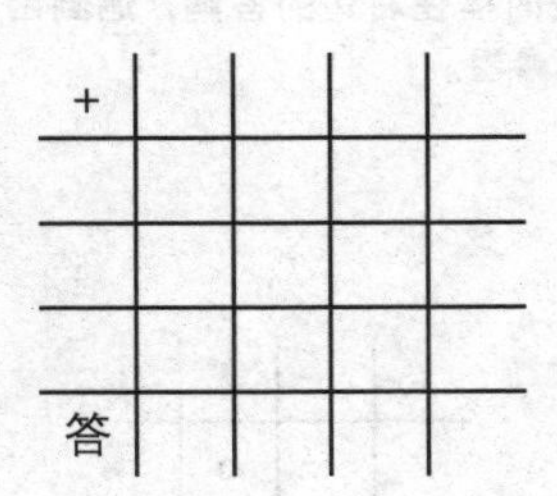

答案：

+	7	1
2	9	
3		4
答	9	4

最终答案：94

答案：

+	2	7
4	6	
3	1	0
答	7	0

最终答案：70

答案：

+	1	0	4
2	3		
3		3	
6		1	0
答	3	4	0

最终答案：340

② 466+798=

+				
答				

3. 四位数加法

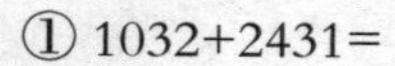

① 1032+2431=

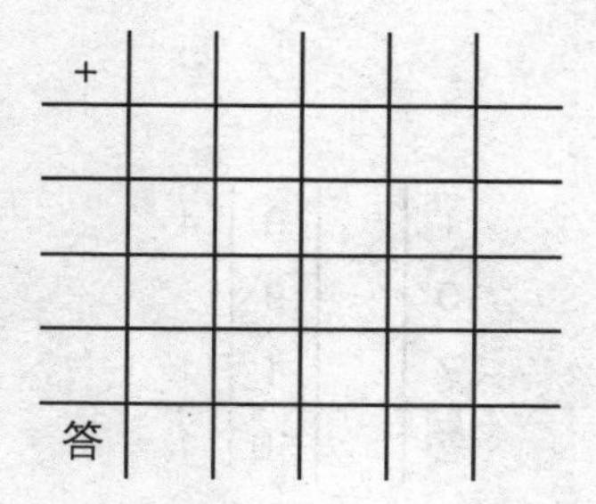

② 3497+3506=

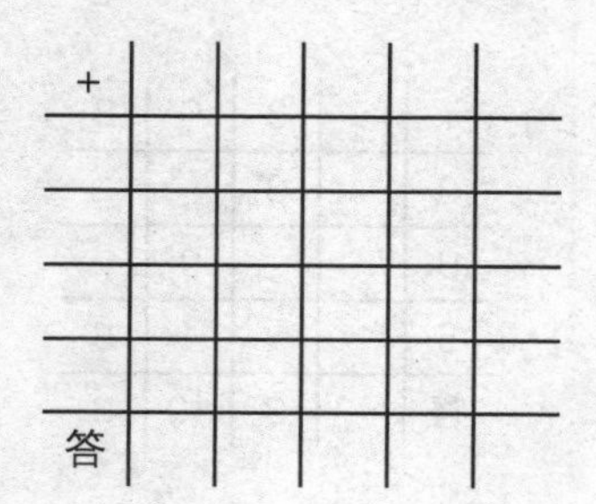

答案：

+		4	6	6
7	1	1		
9		1	5	
8			1	4
答	1	2	6	4

最终答案：1264

答案：

+		1	0	3	2
2		3			
4			4		
3				6	
1					3
答		3	4	6	3

最终答案：3463

答案：

+		3	4	9	7
3		6			
5			9		
0				9	
6				1	3
答		6	9	10	3

最终答案：7003

③ 9286+9540=

+					
答					

4. 不同数位加法

注意：计算前一定要先补齐数位！

① 94+7=

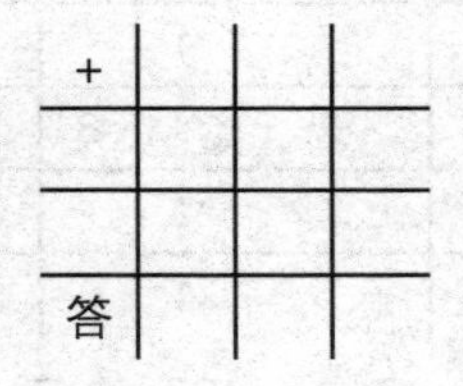

② 308+95=

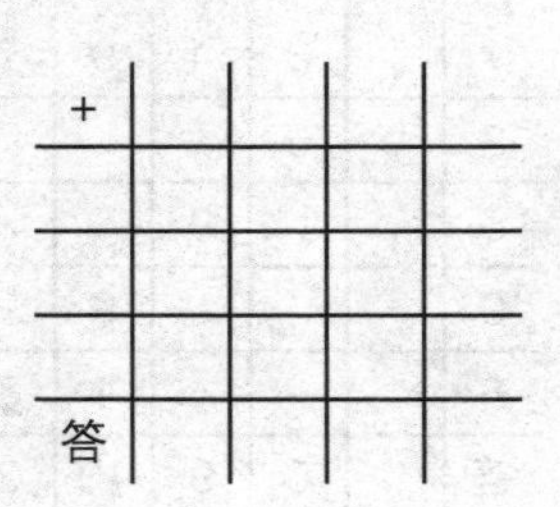

答案：

+		9	2	8	6
9	1	8			
5			7		
4			1	2	
0					6
答	1	8	8	2	6

最终答案：18826

答案：

+		9	4
0		9	
7		1	1
答		10	1

最终答案：101

答案：

+		3	0	8
0		3		
9			9	
5			1	3
答		3	10	3

最终答案：403

第十四式
神奇的三角魔方

就像玩字谜游戏一般，只要在三角空格中填上数字，乘法算题立即解决！乍一看去,你像是在玩魔方,或者三角形的拼图,非常神奇！

如果有人在旁边看到解题过程，他一定以为你是在玩一个高级的字谜游戏，但其实你不过是在利用九九乘法口诀算算术。

这种方法不仅看起来形态迥异，富有生趣，填三角空格的过程本身也相当过瘾，让人爱不释手……

·印度数学第十四式·

三角格子里的乘法运算：

步骤①：画好格子，填入数字；

步骤②：从高位向低位依次将两个乘数各个数位上的数字相乘，答案写在交叉格子内，每个三角空格只填一个数字，十位数字在上，个位数字在下；

步骤③：把填入三角空格的数字斜向相加，和就是最终结果。

·| 例题解析 |·

54×25=？

❶画好格子，按如下格式填入乘数 54 和 25。

×	5	4
2		
5		

❷将 54 和 25 各个数位上的数字相乘，乘积写在交叉点的方格内，上边的三角空格内填十位数字，下边的三角空格内填个位数字。

×	5	4
2	1 / 0	0 / 8
5	2 / 5	2 / 0

注意：交叉格子中的乘积如果小于 10，一定要在上面的三角空格里填上 0。

❸把填入三角空格的数字斜向相加，和就是最后的结果。

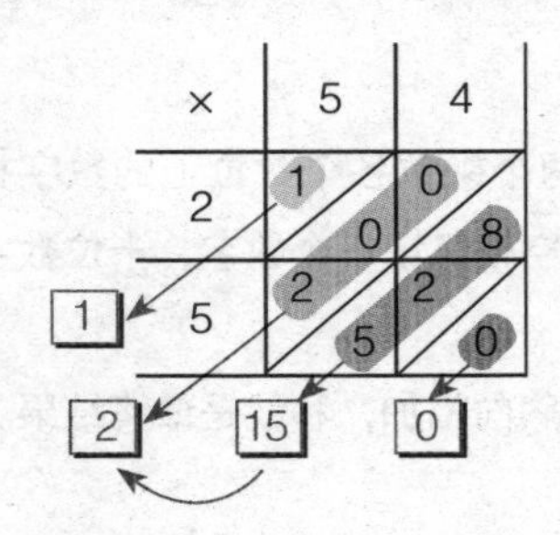

注意：十位满 10，向百位进 1。

最终答案：1350

·| 练习 |·

527 × 196 = ?

1 画好格子，按如下格式填入乘数 527 和 196。

×	5	2	7
1			
9			
6			

2 将 527 和 196 各个数位上的数字相乘，乘积写在交叉点的方格内，上边的三角空格内填十位，下边的三角空格内填个位。

×	5	2	7
1	0/5	0/2	0/7
9	4/5	1/8	6/3
6	3/0	1/2	4/2

3 把填入三角空格的数字斜向相加，和就是最后的结果。

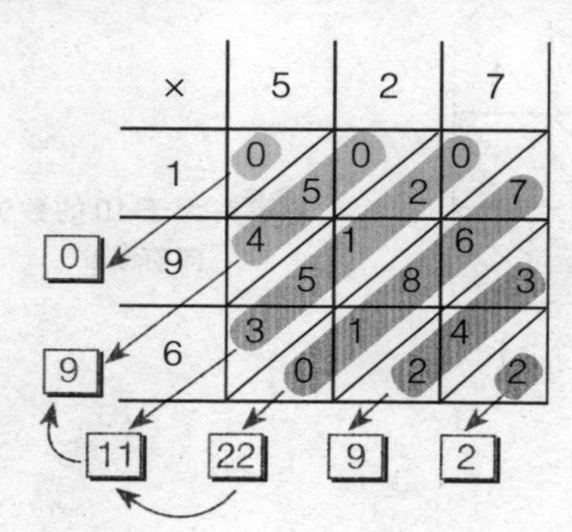

注意：大于 10 的数位要向前进位

最终答案：103292

4703×86=？

1 画好格子，按如下格式填入乘数 4703 和 86。

×	4	7	0	3
8				
6				

注意：乘法三角算无须补齐数位。

2 将 4703 和 86 各个数位上的数字相乘，乘积写在交叉点的方格内，上边的三角空格内填十位数字，下边的三角空格内填个位数字。

×	4	7	0	3
8	3 / 2	5 / 6	0 / 0	2 / 4
6	2 / 4	4 / 2	0 / 0	1 / 8

3 把填入三角空格的数字斜向相加，和就是最后的结果。

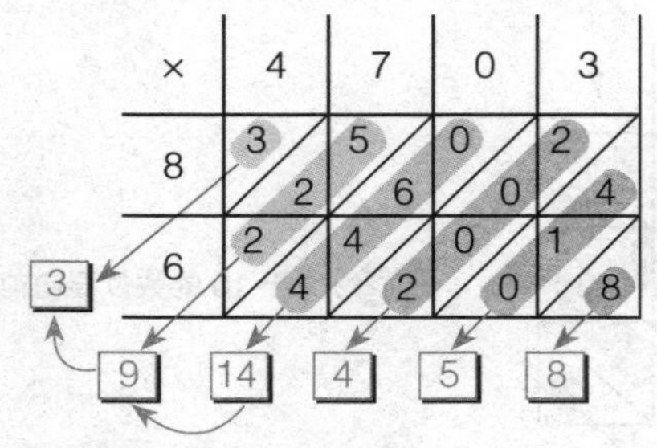

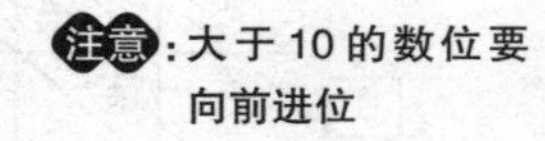

最终答案：404458

·丨游戏时间丨·

注意：游戏时盖住右边的答案，遇到困难时再参看。

1. 两位数乘法

① $12\times57=$

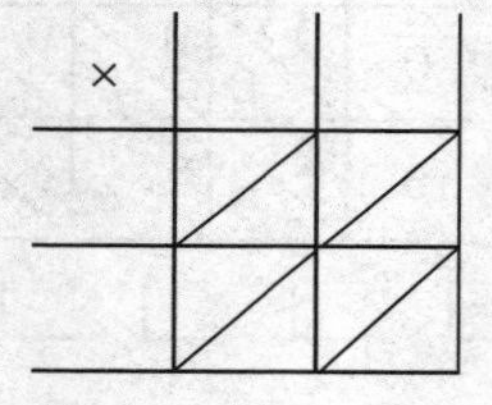

答案：

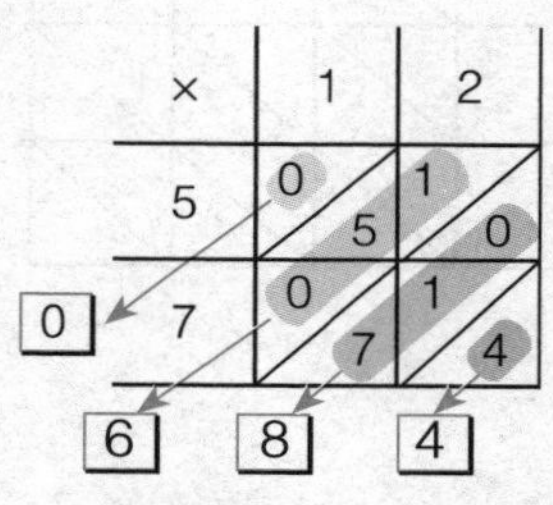

最终答案：684

② $26\times39=$

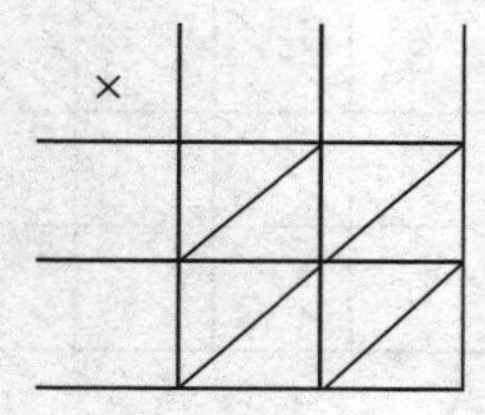

答案：

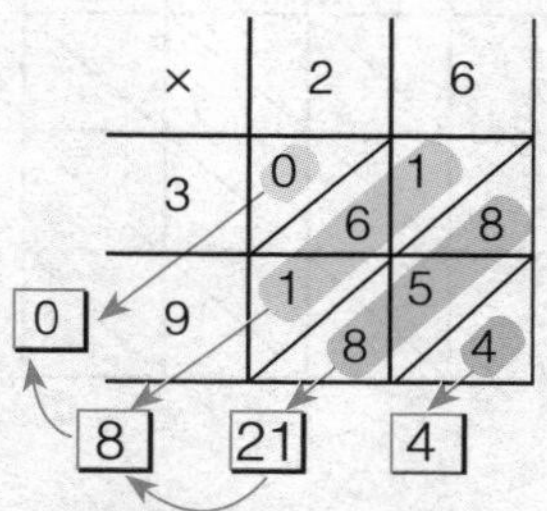

最终答案：1014

③ $89\times98=$

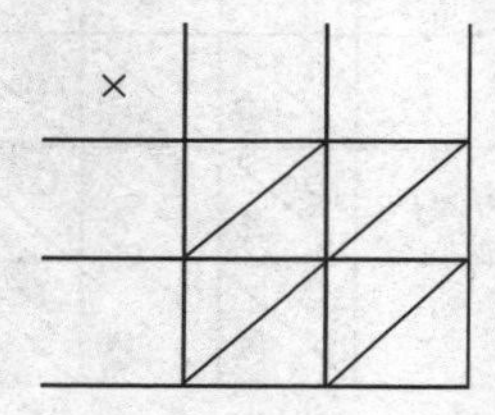

答案：

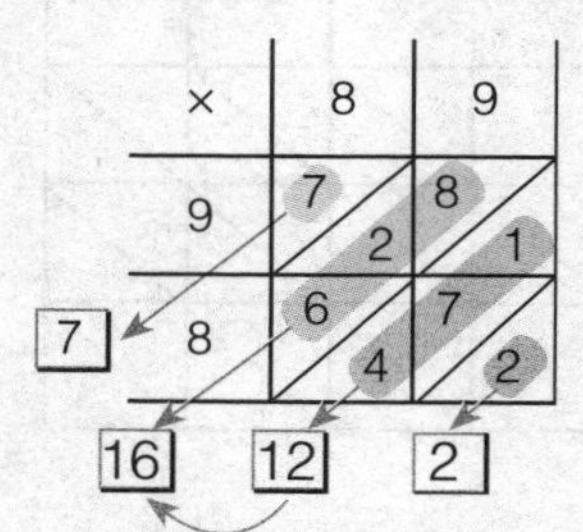

最终答案：8722

2. 三位数乘法

① $142 \times 206=$

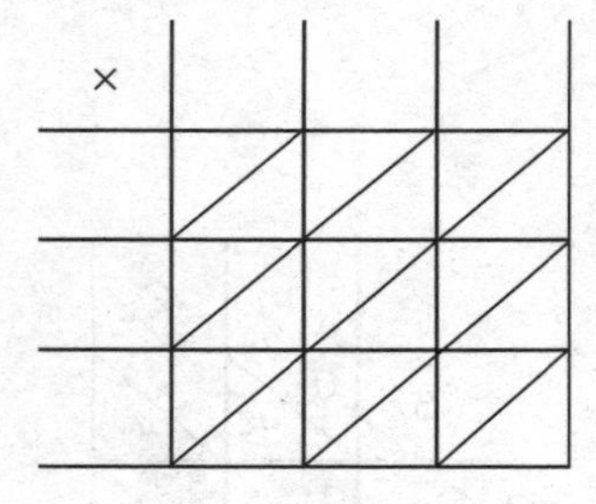

② $217 \times 335=$

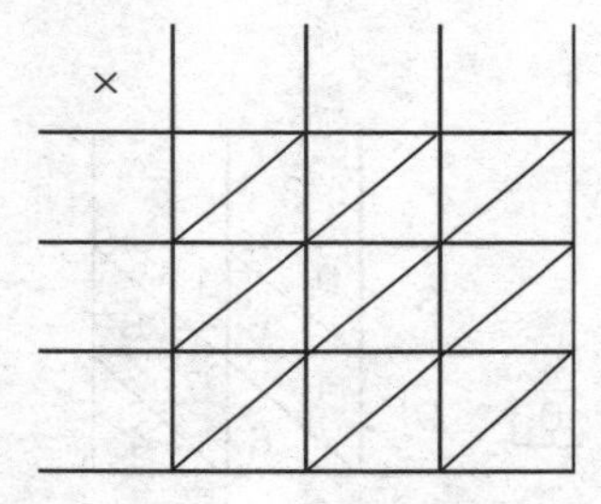

③ $641 \times 790=$

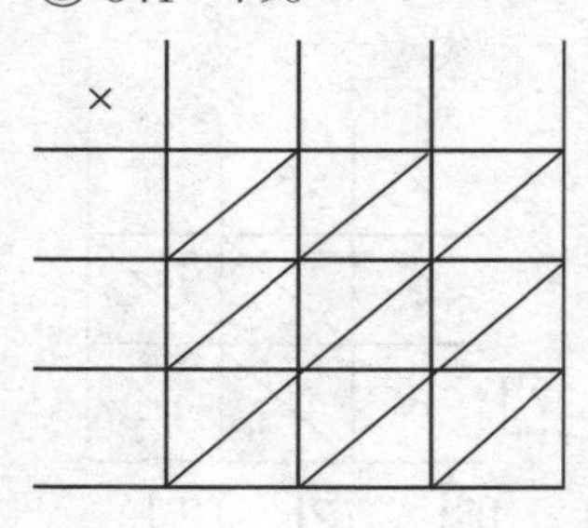

答案：

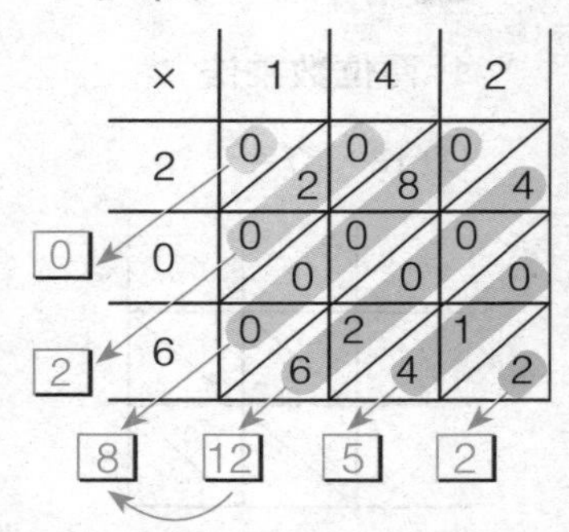

最终答案：29252

答案：

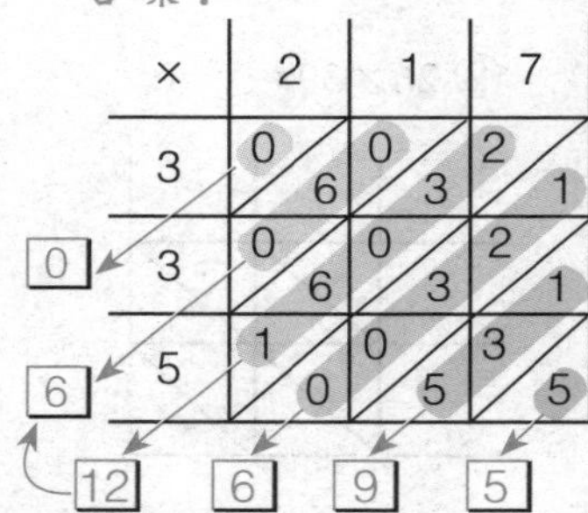

最终答案：72695

答案：

×	6	4	1
7	4 / 2	2 / 8	0 / 7
9	5 / 4	3 / 6	0 / 9
0	0 / 0	0 / 0	0 / 0

4

9

15 13 9 0

最终答案：506390

3. 不同数位乘法

① 341 × 22=

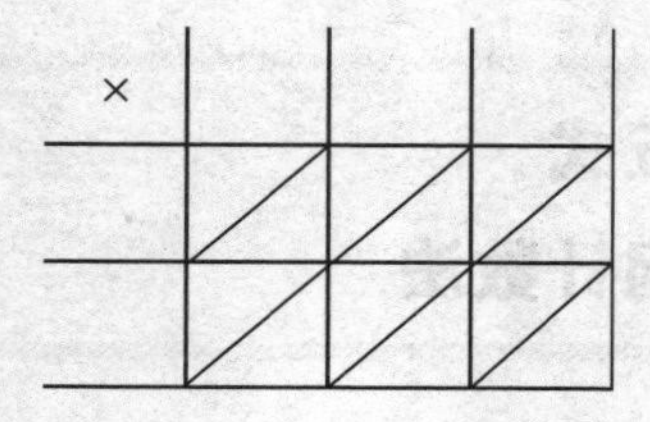

答案：

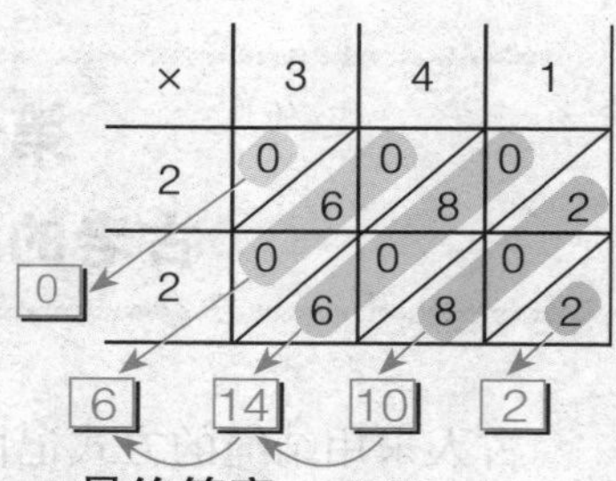

最终答案：7502

② 517 × 81=

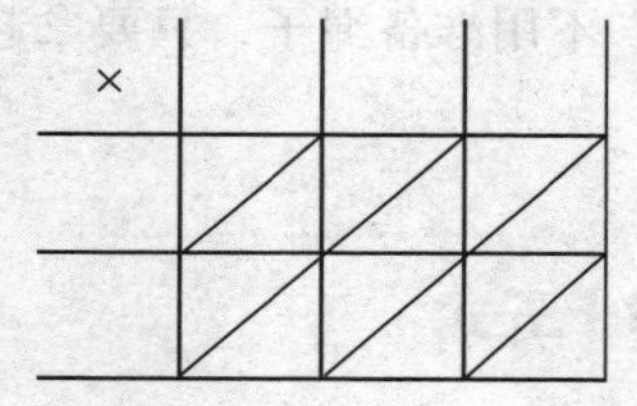

答案：

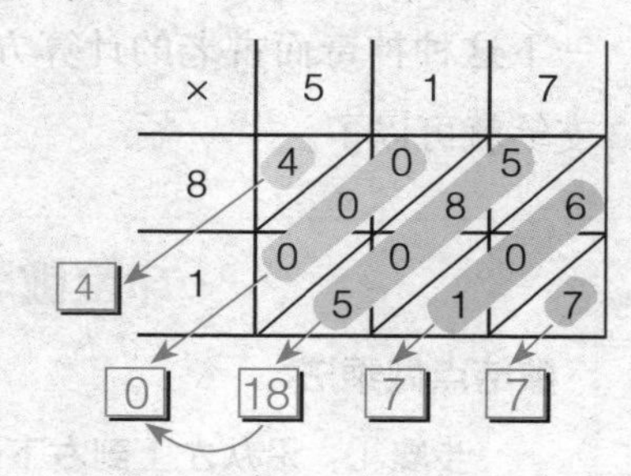

最终答案：41877

③ 8076 × 5=

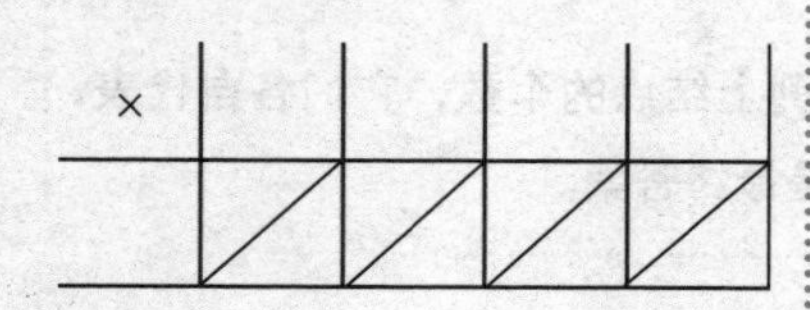

答案：

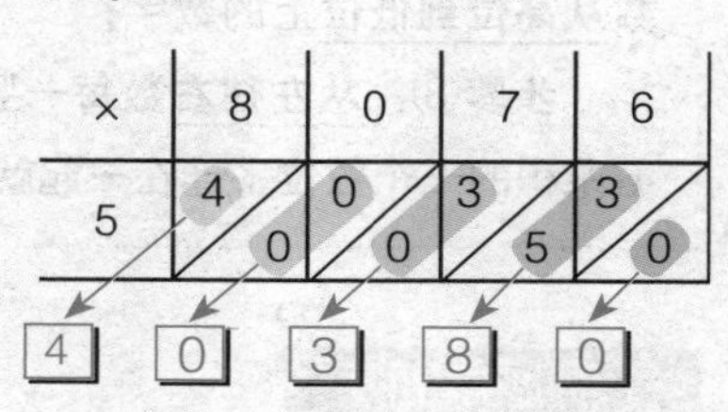

最终答案：40380

第十五式
古老的结网计数法

古人采用结绳的方式记忆数据和事件，古代印度数学也有一种类似的方法：只要数一数线段的结点，就连背不出九九乘法口诀的孩子也能很快得到乘法算术题的答案。你想不想尝试一下这种神奇而古老的计算方法？不用准备绳子，只要拿起一支笔就可以了。

·印度数学第十五式·

数结点做乘法：

步骤①：沿从左上到右下的方向，画若干组线段依次表示被乘数从高位到低位上的数字；

步骤②：沿从左下到右上的方向，画若干组线段依次表示乘数从高位到低位上的数字；

步骤③：从左往右数每一竖列上结点的个数，它们各自代表着乘积的一个数位，连在一起就是最终答案。

·| 例题解析 |·

$12 \times 31 = ?$

❶画线表示被乘数 12：在左上角画一条线段，表示十位数字 1；右下角画两条线段，表示个位数字 2。

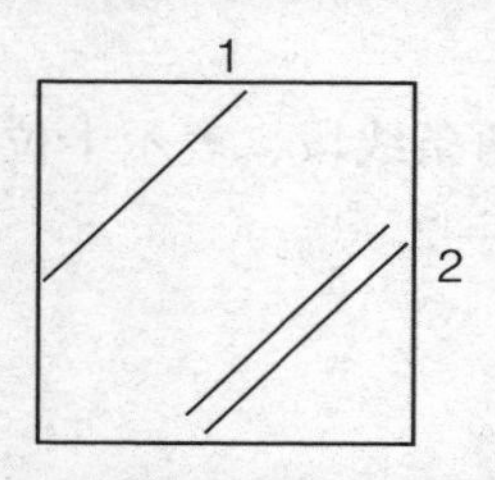

❷画线表示乘数 31：在左下角画三条线段，表示十位数字 3；右上角画一条线段，表示个位数字 1。

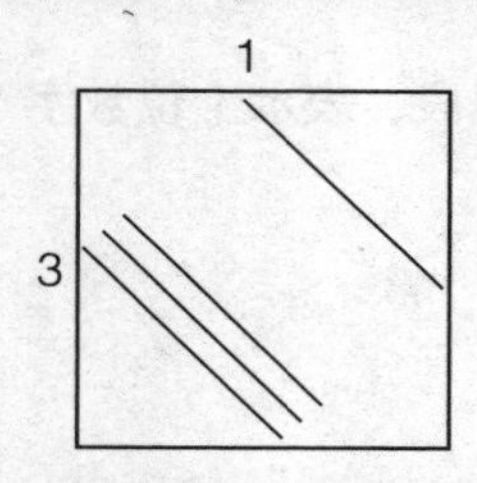

❸依次数线网左、中、右三竖列上的结点个数，左列结点的个数之和 3 对应最终答案的百位数，中列结点的个数之和 7 对应最终答案的十位数，右列结点的个数之和 2 对应最终答案的个位数。

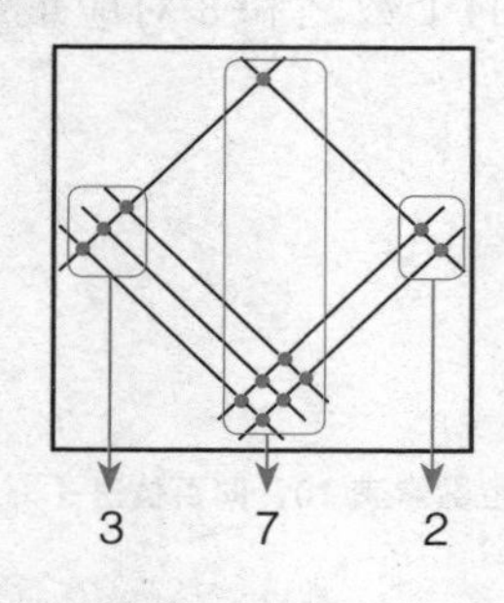

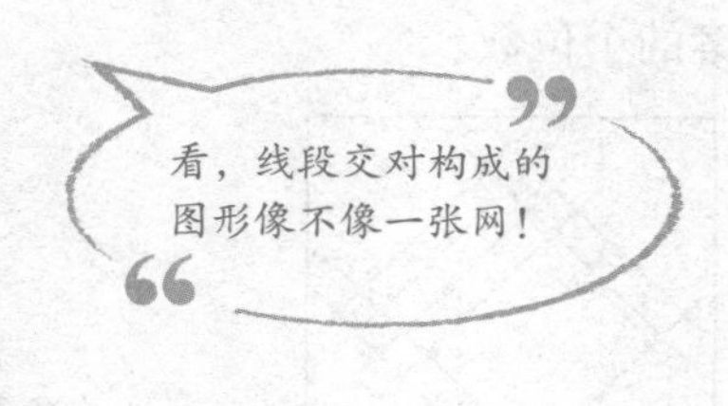

最终答案：372

·| 练习 |·

22×14=？

1 画线表示被乘数 22：在左上角画两条线段，表示十位数字 2；右下角画两条线段，表示个位数字 2。

2 画线表示乘数 14：在左下角画一条线段，表示十位数字 1；右上角画四条线段，表示个位数字 4。

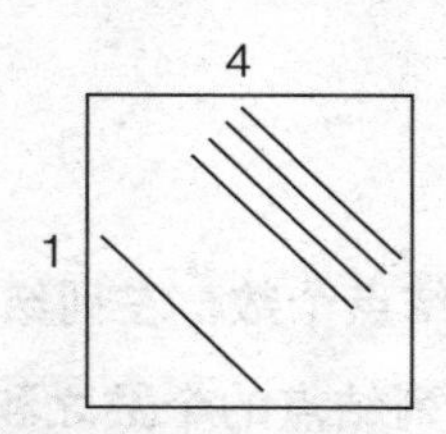

3 依次数出线网左、中、右三竖列上的结点个数，左列结点的个数之和 2 对应最终答案的百位数，中列结点的个数之和 10 对应最终答案的十位数，右列结点的个数之和 8 对应最终答案的个位数。

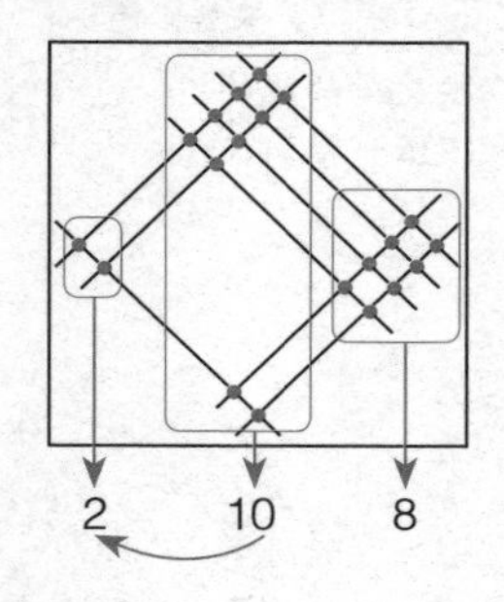

注意：十位数字满 10，向百位进 1。

最终答案：308

用“结网计数”法，我们还可以计算数量较小的三位数乘法题。

112×231=？

1 画线表示被乘数 112：在左上角画一条线段，表示百位数字 1；中间画一条线段，表示十位数字 1；右下角画两条线段，表示个位数字 2。

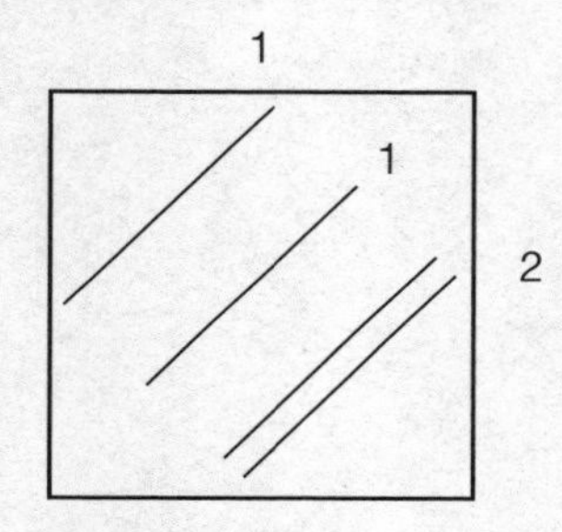

2 画线表示乘数 231：在左下角画一条线段，表示百位数字 2；中间画三条线段，表示十位数字 3；右上角画一条线段，表示个位数字 1。

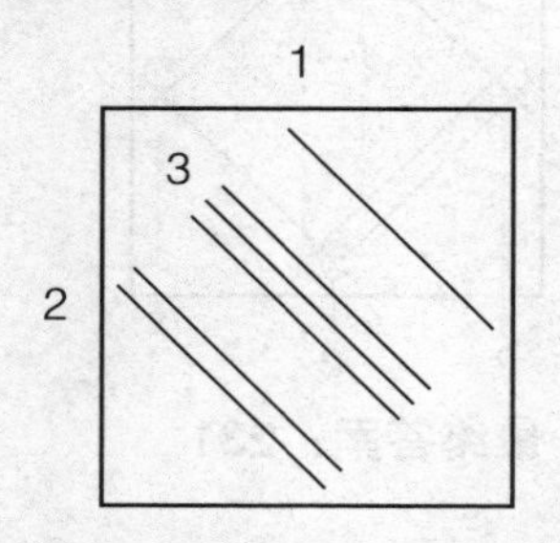

3 从左到右依次数出线网各竖列上的结点个数，第一列结点的个数之和 2 对应最终答案的万位数，第二列结点的个数之和

5 对应最终答案的千位数，第三列结点的个数之和 8 对应最终答案的百位数，第四列结点的个数之和 7 对应最终答案的十位数，第五列结点的个数之和 2 对应最终答案的个位数。

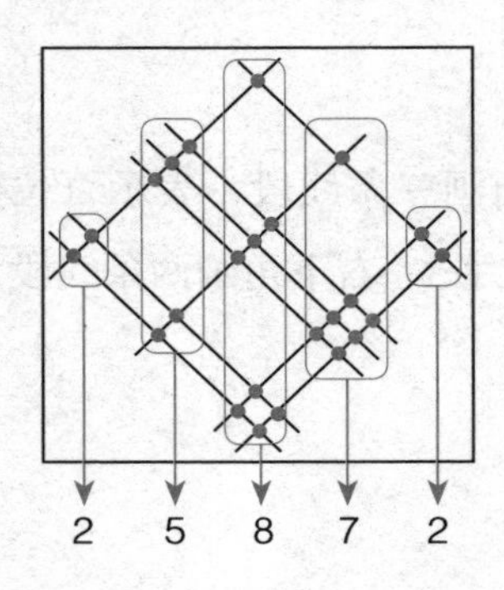

最终答案：25872

·| 游戏时间 |·

1. 两位数乘法

① 11 × 21=

答案：

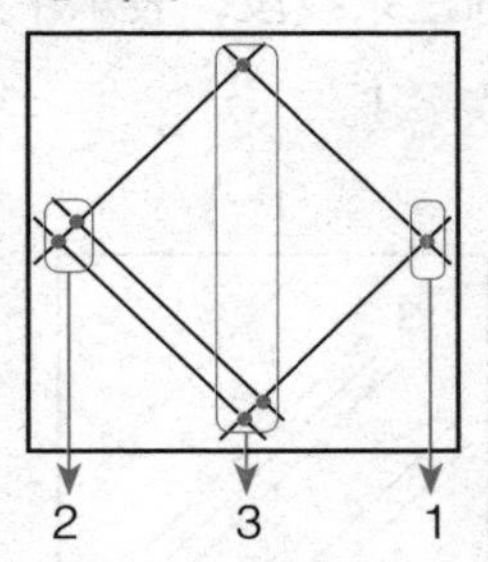

最终答案：231

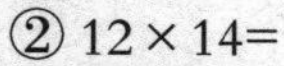

② 12 × 14=

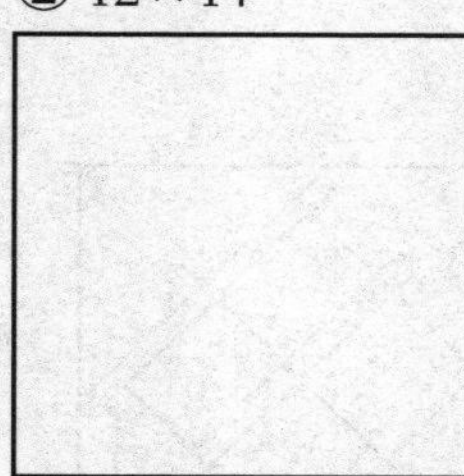

答案：

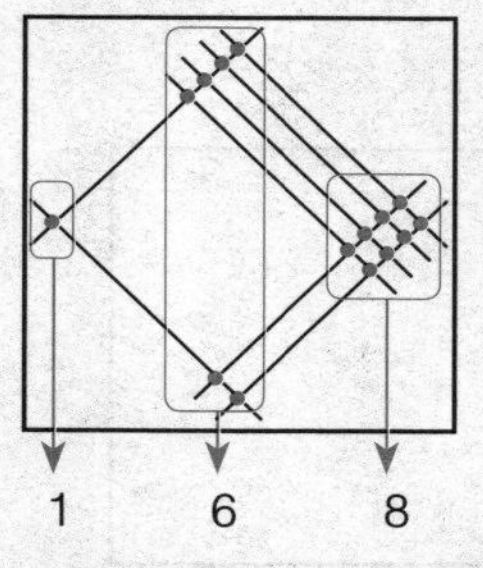

最终答案：168

③ 51 × 21=

答案：

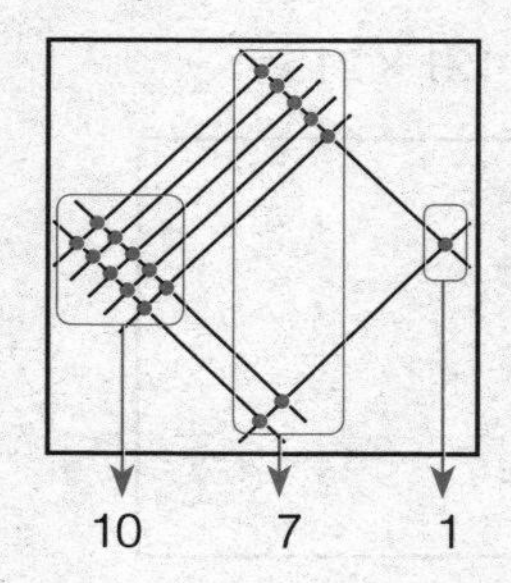

最终答案：1071

④ 42 × 15=

答案：

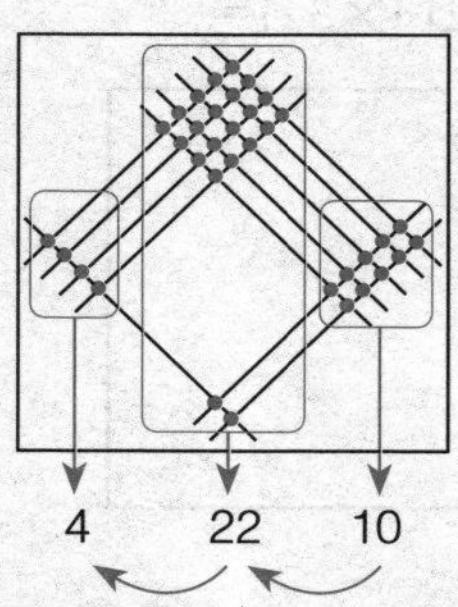

最终答案：630

2. 三位数乘法

① 111 × 122=

答案：

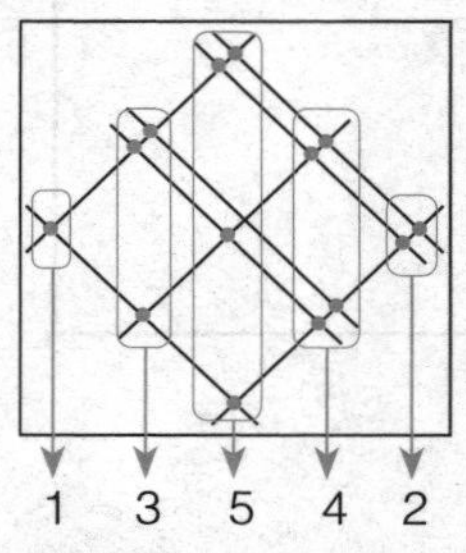

最终答案：13542

② 121 × 213=

答案：

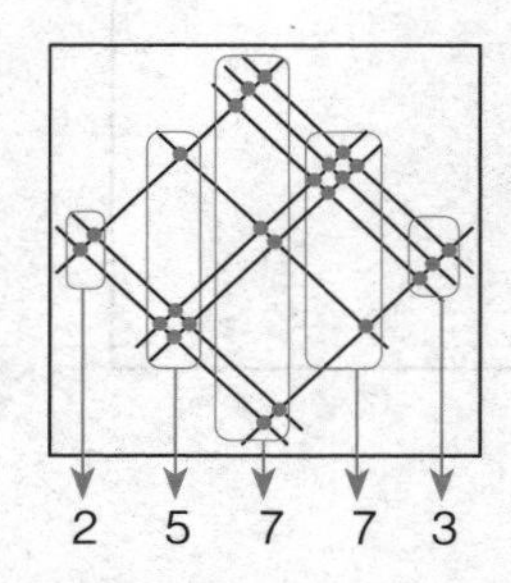

最终答案：25773

③ 214 × 321=

答案：

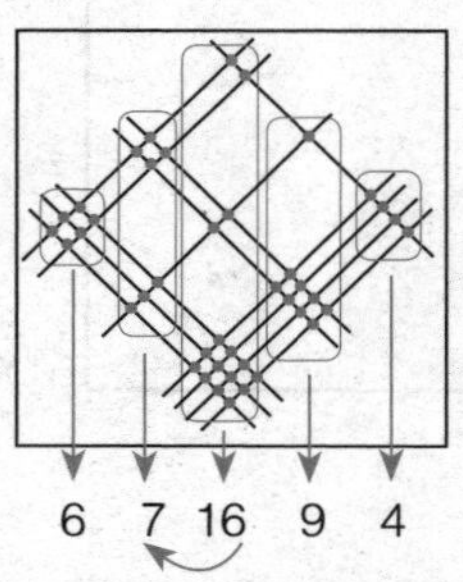

最终答案：68694

下篇

《孙子算经》

第一章
千古名题抢先看

导语：

《孙子算经》被誉为中国古代数学的三部经典之一，它收录了诸如“雉兔同笼”“物不知数”“三女归宁”等一系列千古名题，并为这些题目提供了巧妙的解答方法。这一次，就让我们从这些名题开始，重拾《孙子算经》遗留给我们的智慧宝藏。

第一节 雉兔同笼

※ 算题 1 雉兔同笼

难度等级：★★★★☆ 思维训练方向：假设思维

【原题】

今有雉[①]、兔同笼，上有三十五头，下九十四足。问雉、兔各几何？（选自《孙子算经》31 卷下）

【注释】

①雉：鸡。

【译文】

现有若干只鸡、兔被关在同一个笼子里。上有 35 个头，下有 94 只脚。问鸡、兔各有多少只？

【解答】

《孙子算经》针对这一题做出了非常巧妙的解答："术曰：上置头，下置足。半其足，以头除足，以足除头，即得。"把这一解法列成算式即是：兔子的只数 =94 ÷ 2−35=12 只，再用 35−12=23 只，即求出了鸡的数量。

这一解法的巧妙之处即在于它假设了一种特殊的情况——鸡、兔的脚数都减少一半，也就是想象每只鸡都"金鸡独立"，而每只兔子都抬起2只前爪。这样，地面上出现脚总数的一半，也就是94÷2=47。如果我们把47看作两种动物的头数，那么鸡的头数算了一次，而兔子的头数却算了两次，因为当鸡抬起一只脚，它的脚数与头数相等，而当兔子抬起前主爪之后，脚数却为头数的两倍，也就是说，每有一只兔子，（一半的）脚数便要比头数多1。因此从47中减去总头数35，得到的是兔子头数。再用总头数减去刚刚算出的兔子的数量，便得出了鸡的数量。

假设一种特殊情景，只通过一次除法和两步减法便得出所求，方法的确非常明了、简单。只不过这种解法推广的可能性比较小，因为“抬腿法”更适合鸡、兔这种脚数与头数呈现特定比例关系的动物，对于一般性的事物，我们可以用一种更普遍的解法。

还是雉兔同笼这道题，如果假设35只都是兔子，那么就有4×35只脚，比94只脚多：

35×4−94=46只

因为每只鸡比兔子少4−2只脚，所以共有鸡：

（35×4−94）÷（4−2）=23只

说明我们设想的35只“兔子”中有23只不是兔子，而是鸡。因此兔子的真正数目是35−23=12只。

当然，我们也可以设想35只都是“鸡”，那么共有脚2×35=70（只），比94只脚少：

94−70=24只

每只鸡比每只兔子少4−2只脚，所以共有兔子：

（94–2×35）÷（4–2）=12 只

说明设想中的“鸡”中有 12 只不是鸡，而是兔子。鸡的真实数目是 35–12=23 只。

因此，这个笼子中共有 23 只鸡，12 只兔。

※ 算题 1　再操练

1. 李老师买笔

难度等级：★★★☆☆　思维训练方向：假设思维

李老师到文具店买圆珠笔，红笔每支 1.9 元，蓝笔每支 1.1 元，两种圆珠笔共买了 16 支，花了 28 元。问红、蓝笔各买了几支?

以“角”作单位：

红笔数量：（280–11×16）÷（19–11）=13 支

蓝笔数量：16–13=3 支

因此，李老师买了 13 支红笔，3 支蓝笔。

2. 蜘蛛、蜻蜓和蝉

难度等级：★★★★★　思维训练方向：假设思维

蜘蛛有 8 条腿，蜻蜓有 6 条腿和 2 对翅膀，蝉有 6 条腿和 1 对翅膀。现在这三种小虫共 18 只，有 118 条腿和 20 对翅膀。每种小虫各有几只?

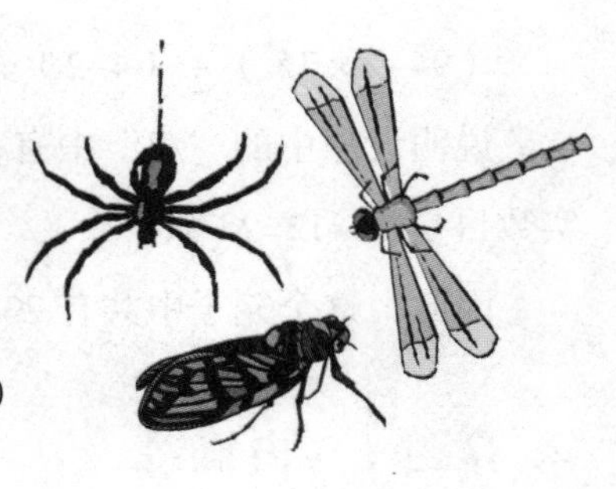

因为蜻蜓和蝉都有 6 条腿，所以从腿的数目来考虑，可以把小虫分成“8 条腿”与“6 条腿”两种，利用公式就可知 8 条腿的蜘蛛有：（118−6×18）÷（8−6）=5 只，则 6 条腿的小虫有：

18−5=13 只

也就是蜻蜓和蝉共有 13 只。因为它们共有 20 对翅膀，再利用一次公式。

蝉的数量：（13×2−20）÷（2−1）=6 只

蜻蜓的数量：13−6=7 只

因此，有 5 只蜘蛛，7 只蜻蜓，6 只蝉。

※ 算题 1　拓展

1. 雉兔同笼 2

难度等级：★★★☆☆	思维训练方向：分合思维

若干只鸡、兔在同一个笼中，它们的头数相等，脚一共有 90 只。鸡、兔各有几只?

因为鸡、兔头数相等，因此可以把 1 只鸡和 1 只兔子并为一组，每组有 2+4=6 只脚，90÷6=15，可知一共

有15组鸡兔，也就是说笼子里有15只鸡，15只兔。

2. 两种邮票

难度等级：★★★☆☆ 思维训练方向：分合思维

小红买了一些4角和8角的邮票，共花了68元。已知8角的邮票比4角的邮票多40张，那么两种邮票各有多少张？

如果拿出40张8角的邮票，剩下的邮票中8角与4角的张数一样多，

（680−8×40）÷（8+4）=30张

剩下的邮票中8角和4角的各有30张，8角的邮票一共有：

40+30=70张

因此，8角的邮票有70张，4角的邮票有30张。

第二节　物不知数

※ 算题 2　物不知数

难度等级：★★★★☆　思维训练方向：演绎思维

【原题】

今有物，不知其数。三、三数之，剩二；五、五数之，剩三；七、七数之，剩二。问物几何?

（选自《孙子算经》26 卷下）

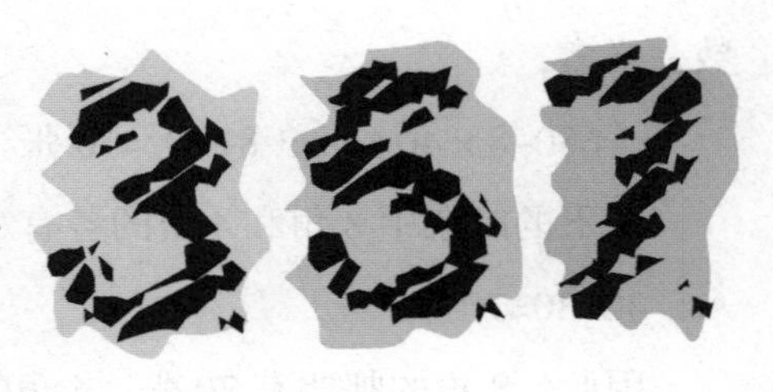

【译文】

现有一些物品，不清楚它们的数量。三个三个地数，剩 2 个；五个五个地数，剩 3 个；七个七个地数，剩 2 个。问这些物品的总数是多少?

【解答】

《孙子算经》中的这道题目用简单的数学语言描述是：求一个数，它能够同时满足被 3 除余 2，被 5 除余 3，被 7 除余 2 这三个条件。

什么数能够被 3 除余 2，被 5 除余 3，被 7 除余 2 呢？古人探索出了解答这类题目的一般方法，它包括 5 个步骤：

①计算出被 3 除余 2，且是 5 和 7 倍数的数。

②计算出被 5 除余 3，且是 3 和 7 倍数的数。

③计算出被 7 除余 2，且是 3 和 5 倍数的数。

④计算 3、5、7 的最小公倍数。

⑤将上面的三个数相加，减去（或者加上）3、5、7 的公倍数。

其实前3个步骤中还各自包含着另外一个步骤——“求一”：要想求“被 3 除余 2、且是 5 和 7 倍数的数”，只要先求出“被 3 除余 1、且是 5 和 7 倍数的数”，然后将这个数乘以 2 就可以了。而要想计算出“被 5 除余 3，且是 3 和 7 倍数的数”，只要先求出“被 5 除余 1，且是 3 和 7 倍数的数”，然后再将这个数乘以 3 就可以了。求“被 7 除余 2，且是 3 和 5 倍数的数”也是同理。也就是说，求除一个数“余 x”的数，只要先求出“余 1”的数，然后乘以 x 即可。

现在我们套用以上 5 个步骤来演算一下这道题：

①先求“被 3 除余 1，且是 5 和 7 倍数的数”：5×7=35，35÷3=11 余 2，不符合条件，而 35×2=70，70÷3=23……1，符合条件。再求“被 3 除余 2，且是 5 和 7 倍数的数”：70×2=140，140 便是我们最终要求的数。

②先求“被 5 除余 1，且是 3 和 7 倍数的数”：3×7=21，21÷5=4……1，符合条件。再求“被 5 除余 3，且是 3 和 7 倍数的数”：21×3=63，63 便是我们要求的数。

③先求“被 7 除余 1、且是 3 和 5 倍数的数”：3×5=15，15÷7=2……1，符合条件。在求“被 7 除余 2、且是 3 和 5 倍

数的数”：15×2=30，30便是我们要求的数。

④ 3、5、7的最小公倍数是：3×5×7=105。

⑤ 140+63+30=233，233−105×2=23，因为这道题目求的是“最小解”，所以减去105×2，3、5、7的最小公倍数无论扩大或缩小多少个整数倍，对结果都不会产生影响。

所以，23便是那个能够同时满足被3除余2，被5除余3，被7除余2的最小的数。

提示：

《孙子算经》之所以能在中国古代众多数学研究著作中占有重要一席，这道题目起了举足轻重的作用，因为这道著名的“物不知数”题开创了世界数学领域“同余式”研究的先河。

※ 算题2 再操练

1. 韩信点兵

难度等级：★★★★☆ 思维训练方向：演绎思维

【原题】

汉代开国大将军韩信有一次带兵打仗，在册兵员人数是26641人。部队集合时他让战士们按照1~3，1~5，1~7三种方式报数，1~3报数时余1人，1~5报数时余3人，1~7

报数时余 4 人。已知当时缺员人数少于 100 人，求韩信部队的实到人数和缺员人数。

【解答】

“物不知数”题出现后引起了人们极大的兴趣，后来又衍生出“秦王暗点兵”“韩信点兵”等经典题目，此题便是众多“韩信点兵”题中的一道。它的解答思路与上面的“物不知数”题相同。

解答“物不知数”题的关键是要先“求一”，也就是求“被某数除，余 1 的数”。对于 3、5、7 这几个数，古人很早便总结出了它们“求一”的规律：《孙子算经》有言：“凡三、三数之，剩一，则置七十；五，五数之，剩一，则置二十一；七、七数之，剩一，则置十五。”我国古代数学家程大位还把这一规律编成诗记录在他的数学名著《算法统宗》里：

三人同行七十稀，五数梅花廿一枝。
七子团圆正月半，除百零五便得知。

“三人同行七十稀”是指：“被 3 除余 1，且是 5 和 7 倍数的数”是 70。

“五数梅花廿一枝”是指：“被 5 除余 1，且是 3 和 7 倍数的数”是 21。

“七子团圆正月半”是指：“被 7 除余 1，且是 3 和 5 倍数的数”是 15。

我们可以直接应用《孙子算经》和《算法统综》总结的规律，解答这道题目：

① 1–3 报数时余 1 人，就是求“被 3 除余 1，且是 5 和 7

倍数的数”，这个数是 70。

②1 ~ 5 报数时余 3 人，就是求“被 5 除余 3，且是 3 和 7 倍数的数”，这个数是 21×3=63。

③1 ~ 7 报数时余 4 人，就是求“被 7 除余 4，且是 3 和 5 倍数的数”，这个数是 15×4=60。

④3、5、7 的最小公倍数是 105。

⑤70+63+60=193，当我们求最小解时，用 193 减去 3、5、7 的公倍数，但是这道题目是要求军队的总人数，这个人数远远大于 193，所以我们需要用 193 加上 3、5、7 的公倍数。因为军队本有 26641 人，缺勤人数不到 100 人，因此我们最终要求的数应该在 26541 到 26641 之间，估算一下 193+105×251=26548 人，是符合要求的。

因此，实到兵员 26548 人，缺员 93 人。

※ 算题 2　拓展

1. 物不知数 2

难度等级：★★★★☆　思维训练方向：演绎思维

【原题】

七数剩一，八数剩二，九数剩三，文本总数几何？（选自《续古摘奇算法》）

【译文】

现有一些物品，不清楚它们的数量。七个七个地数，剩 2 个；八个八个地数，剩 2 个；九个九个地数，剩 3 个。问这些物品的总数。

【解答】

刚才，我们做了两道关于 3、5、7 的“物不知数”题。现在我们来做几道有关其他数字的题目。其实，不论数字如何变化和组合，解题的思路和方法都是一致的。对于这道题目：

①“七数剩一”的数是：8 × 9=72，72 ÷ 7=10……2，不符合要求；72 × 4=288，288 ÷ 7=41……1，符合要求。所以，“七数剩一”的数是 288。

②求“八数剩二”先求“八数剩一”的数：7 × 9=63，63 ÷ 8=7……7，不符合要求；63 × 7=441，441 ÷ 8=55……1，符合要求。所以，“八数剩一”的数是 441，“八数剩二”的数是 441 × 2=882。

③求“九数剩三”先求“九数剩一”的数：7 × 8=56，56 ÷ 9=6……2，不符合要求；56 × 5=280，280 ÷ 9=31……1，符合要求。所以，“九数剩一”的数是 280，“九数剩三”的数是 280 × 3=840。

④ 7、8、9 的最小公倍数是 7 × 8 × 9=504。

⑤“本总数”的最小值是 288+882+840−504 × 3=498。

因此，这些物品的总数是 498。

2. 韩信点兵 2

难度等级：★★★★☆	思维训练方向：演绎思维

有兵一队，若列成每列 5 人纵队，末列 1 人；若列成 6 人纵队，则末列 5 人；若列成 7 人纵队，则末列 4 人；若列成 11 人纵队，则末列 10 人。求至少一共有多少兵？

这道题目实际是求解同时满足“被 5 除余 1，被 6 除余 5，被 7 除余 4，被 11 除余 10”的数。大家可以依据物不知数题的一般解法，参照上题列表计算，具体运算步骤就不在这里演示了。

这道题的最终答案是：2111 人。

※ 头脑风暴：“另类”物不知数题

1. 数橘树

难度等级：★★★☆☆	思维训练方向：分析思维

橘子丰收的季节，学校组织同学们到橘园采摘。橘园里大约有 2000 棵橘树。但是，同学们无论两两数、三三数、五五数还是七七数都余 1 棵，大家感到很奇怪，你能很快地算出这个橘园一共有多少棵橘树吗？

2.22 岁的生日

难度等级：★★★☆☆ 思维训练方向：分析思维

一个人出生于公历 1978 年 1 月 1 日，当天是个周日，那么在他过 22 岁生日那天是周几？

3. 奇怪的三位数

难度等级：★★☆☆☆ 思维训练方向：还原思维

有一个奇怪的三位数，减去 7 后正好被 7 除尽；减去 8 后正好被 8 除尽；减去 9 后正好被 9 除尽。你猜猜这个三位数是多少？

第三节　盈不足

※ 算题 3　多人共车

难度等级：★★★★☆　思维训练方向：演绎思维

【原题】

今有三人共车，二车空；二人共车，九人步[①]。问人与车各几何？（选自《孙子算经》15 卷下）

【注释】

①步：步行。

【译文】

今有若干人乘车，每 3 人乘一车，最终剩余 2 辆空车；若每 2 人同乘一车，最终剩下 9 人因无车可乘而步行。问有多少人，多少辆车？

【解答】

当我们计数或分配一定数量的事物时，总会遇到这样三种情况：适足、多余、不足。我国古人把这种规律编入算数题，便衍生出我们现在看到一类非常有趣的题目——“盈不足”问题。“盈”意味着“多余”“富余”，“不足”即是“欠缺”“不够”的意思。这类题目尽管繁杂，但是我们聪明的祖先很快便摸索出应对此类题目的解题套路——“盈不足术”。“盈不足术”在西方数学还不发达的年代，被誉为能够孵化“金蛋”的“万能算法”，它不仅可以化繁为简，而且解题的过程也简单、有趣。

依据“盈不足术”，基本的“盈不足”问题都可以表达为：每份分 x_1，余 y_1；每份分 x_2，缺 y_2。求总数，适足时的每份数和份数。

解答此类问题时只需记住 3 个公式：

①总数 $=\frac{x_1y_2+x_2y_1}{x_1-x_2}$

②适足时的每份数 $=\frac{x_1y_2+x_2y_1}{y_1+y_2}$

③适足时的份数 $=\frac{y_1+y_2}{x_1-x_2}$

你可以画个图，帮助你自己理解和记忆这几个公式：

再背背下面的口诀：

①求总数：交叉相乘，积求和，除以上差。

②求适足每份数：交叉相乘，积求和，除以下和。

③求份数：下和除以上差。

现在我们来用“盈不足术”解答“几人共车”这道题。首先，我们需要整理一下已知条件，将 4 个数量全部换成以人数做单位的量：“每车 3 人”“每车 2 人”，“剩余 9 人”不用改动，将“剩余 2 辆车”换成“差 6 个人”。然后如图排列 3、6、2、

9 这几个数：

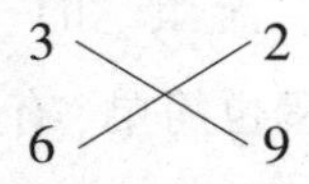

先求车数，车数相当于份数。“求份数：下和除以上差”，（6+9）÷（3–2）=15 辆。

知道车数，可直接求乘车的总人数，用每车乘坐的人数 2 乘以车数 15，再加上步行的 9 人，等于 39 人。

因此，一共有 39 个人，15 辆车。

※ 算题 4　贼人盗绢

难度等级：★★★★☆　思维训练方向：演绎思维

【原题】

今有人盗库绢，不知所失几何。但闻草中分绢，人得六匹，盈[1]六匹；人得七匹，不足[2]七匹。问人、绢各几何？（选自《孙子算经》28 卷中）

【注释】

①盈：富余、多出。

②不足：缺少。

【译文】

有贼盗窃仓库中的丝绢，不知道仓库损失的具体情况。只听说这些贼分赃的情形是这样的：若每人分得 6 匹绢，则剩余 6 匹，若每人分得 7 匹，则缺 7 匹。问共有多少个贼？多少匹绢？

【解答】

根据“盈不足”问题的解题套路，先将本题的 4 个已知量如图排写出来：

求贼的数量，相当于求份数，“求份数：下和除以上差”，（7+6）÷（7–6）=13 人。

求绢的数量，相当于求总数，“求总数：交叉相乘，积求和，除以上差”，（6×7+6×7）÷（7–6）=84 匹。

因此，一共有 13 个贼，84 匹绢。

※ 算题 3、4　物不知数

1. 贼人盗绢 2

难度等级：★★★★☆　思维训练方向：演绎思维

【原题】

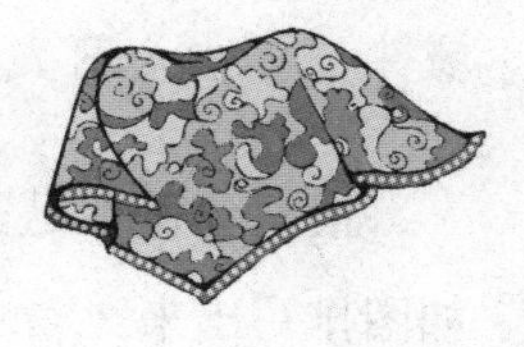

假如贼人盗绢，各分一十二匹，总多一十二匹；各分一十四匹，总少六匹。问贼人与绢各几何？（选自《续古摘奇算法》）

【译文】

假如有贼偷绢，每人分 12 匹，多余 12 匹；每人分 14 匹，缺 6 匹。问贼数和所偷绢数各是多少？

【解答】

根据“盈不足”问题的解题套路，先将本题的 4 个已知量如图排写出来：

$$\begin{matrix} 12 & & 14 \\ & \times & \\ 12 & & 6 \end{matrix}$$

求贼的数量，相当于求份数，“求份数：下和除以上差”，（12+6）÷（14−12）=9 人。

求绢的数量，相当于求总数，“求总数：交叉相乘，积求和，除以上差”，（12×6+14×12）÷（14−12）=120 匹。

因此，有 9 个贼，他们一共偷了 120 匹绢。

2. 分棉花糖

难度等级：★★★☆☆ 思维训练方向：分析思维

星期天，花花家来了很多客人。花花就把自己的棉花糖拿出来给大家分享。如果每人分 5 颗还少 3 颗，如果每人分 4 颗就还剩 3 颗。你知道花花家来了多少个客人，自己有多少颗糖吗？

根据“盈不足”问题的解题套路，先将本题的 4 个已知量如图排写出来：

$$\begin{matrix} 5 & & 4 \\ & \times & \\ 3 & & 3 \end{matrix}$$

求客人的数量，相当于求份数，“求份数：下和除以上差”，（3+3）÷（5−4）=6 人。

求糖的数量，相当于求总数，“求总数：交叉相乘，积求和，除以上差”，（5×3+4×3）÷（5−4）=27 颗。

因此，花花家一共来了 6 个客人，她有 27 颗棉花糖。

※ 算题 3、4　拓展

1. 合伙买猪

难度等级：★★★★☆　**思维训练方向：演绎思维**

【原题】

今有共买豕[①]，人出一百，盈一百；人出九十，适足。问人数、豕价各几何？

（选自《九章算数》）

【注释】

①豕（shǐ）：猪。

【译文】

有几个人合伙买猪，每人出 100 钱，富余 100 钱；每人出 90 钱，钱正好用尽。问人数和猪的价格各是多少？

【解答】

这道题的特别之处在于出现了“适足”的情况，不过它依然可以按照前面几道“盈不足”题目的思路计算。

首先将题干中的 4 个数量排布如下：

在“适足”的情况下，既没有“盈”也没有“缺”，因此，用 0 表示。

先求人数，人数相当于份数，“求份数：下和除以上差”，（100+0）÷（100–90）=10 人。

根据人数，可以直接计算猪的价格，用“适足”情况下每人的出钱数目 90 乘以人数 10，等于 900，所以，猪的价格是 900 钱。

因此，一共有 10 人买猪，猪的价格是 900 钱。

※ 算题 5　城人分鹿

难度等级：★★★★★　**思维训练方向：假设思维　转化思维**

【原题】

今有百鹿入城，家取一鹿，不尽；又三家共一鹿，适[1]尽。问城中家几何？（选自《孙子算经》29 卷下）

【注释】

①适：刚好。

【译文】

现有 100 只鹿进城，如果每家分 1 只鹿，分不完；又让每 3 家分一只剩余的鹿，刚好分完。问城中共有多少户人家？

【解答】

这并不是一道典型的“盈不足”问题。好在题目中的数量关系其实并不复杂，如果用一般除法，也能求出答案：根据已知，每家先分到 1 只鹿，而后 3 家又平分一只，因此，每家实际分到 $1\frac{1}{3}$ 只鹿，用鹿的总头数除以每家分得的数目便可以求出一共有多少户人家：$100\div1\frac{1}{3}=75$ 家。

《孙子算经》把这道题转化成了典型的“盈不足”问题，解法也相当巧妙。

将一般问题转化为“盈不足”的关键步骤是要进行两次假设，通过假设制造“一盈”与“一不足”两种情况，至于假设什么数，是任意的。

在解答这道题目时，《孙子算经》营造了以下两种情况：

①假设城内有 72 户人家，则每家分到的鹿数是：$72+72\div3=96$ 只，$100-96=4$ 只，说明如果有 72 户人家，则最终会剩余 4 只鹿。

②假设城内有 90 户人家，则每家分到的鹿数是：$90+90\div3=120$ 只，$120-100=20$ 只，说明如果有 90 户人家，则最终会缺少 20 只鹿。

把 72、4、90、20 四个数量排列如下：

虽然，72 和 90 并不是这道题的每份数而是份数，但在解答这类特殊问题时我们却需要将它们列于每份数的位置，这样求城中实际有多少人家时需要应用普通“盈不足”问题每份数的求解公式：“求适足每份数：交叉相乘，积求和，除以下和”。

（72×20+90×4）÷（20+4）=75 家

因此，城内一共有 75 户人家。

提示：

在古代，“盈不足术”之所以被誉为能够孵化“金蛋”的“万能算法”，就在于它不仅能够解答各类盈亏问题，而且还能通过假设，把特殊应用问题转化为一般形式的盈亏问题，再通用“盈不足术”的固定运算程序得出所求。我们再来练习一道《九章算术》中的题目。

※算题 5　再操练

1. 桶中粮食

难度等级：★★★★★ 　思维训练方向：假设思维　转化思维

【原题】

今有米在十斗桶中，不知其数。满[1]中添粟而舂之，得米[2]七斗。问故米几何？（选自《九章算术》）

【注释】

①满：填满。

②米：此处指粝米。粝米是一种粗米。

【译文】

容量为10斗的桶中有若干粝米。添满粟然后捣去皮壳加工，得粝米7斗。问桶中原有多少米？

【单位换算】

1斗=10升

粝米：粟=3 ： 5

【解答】

用假设法，构建一般的“盈不足”情况：

①假设原有粝米2斗：则添加的粟的量为10−2=8斗，8斗粟舂倒之后相当于粝米$8\times3\div5=\frac{24}{5}$斗，加上原有的2斗，等于$\frac{34}{5}$斗粝米。比实际情况少$7-\frac{34}{5}=\frac{1}{5}$斗=2升。

②假设原有粝米3斗：则添加的粟的量为10−3=7斗，7斗粟舂制之后相当于粝米$7\times3\div5=\frac{21}{5}$斗，加上原有的3斗，等于36/5斗粝米。比实际情况多$\frac{36}{5}-7=\frac{1}{5}$斗=2升。

把20、2、30、2四个数量排列如下（以“升”为单位）：

在这道题目中，求原来的粝米量，相当于求“盈不足”问题中的每份数，“求适足每份数：交叉相乘，积求和，除以下和”。（$20\times2+30\times2$）÷（2+2）=25升=2斗5升，桶中原有粝米2斗5升。

因此，桶中原有粝米 2 斗 5 升。

※ 算题 5　拓展

1. 买数学书

难度等级：★★★☆☆	思维训练方向：分析思维

小方和小华到新华书店买《小学数学百问》这本书。

一看书的价钱，发现小方带的钱缺 1 分钱，小华带的钱缺 2.35 元。两人把钱合起来，还是不够买一本的。那么买一本《小学数学百问》到底要花多少元?

小方买这本书还缺 1 分钱，小华要是能补上 1 分钱，就能买这本书了。可是小方、小华的钱合起来，仍然买不了这本书，这说明小华连 1 分钱也没带。题中说，小华买这本书缺 2.35 元，因此，2.35 元正好是这本书的价钱了。

第四节　河妇荡杯

※ 算题 6　河妇荡杯

难度等级：★★★☆☆　**思维训练方向：分析思维**

【原题】

今有妇人河上荡[①]杯。津吏问曰："杯何以多[②]？"妇人曰："家有客。"津吏曰："客几何？"妇人曰："二人共饭，三人共羹，四人共肉，凡用杯六十五，不知客几何？"（选自《孙子算经》17 卷下）

【注释】

①荡：洗。

②何以多：为什么这么多。

【译文】

有一个妇女在河里洗碗。管理渡口的官吏问她："怎么有这么多碗？"妇女回答说："我家里来客人了。"官吏问："有几个客人？"妇女回答："每 2 人吃 1 碗饭，每 3 人喝 1 碗汤，每 4 人吃 1 碗肉，共用了 65 个碗。我也不清楚到底有多少客人。"

【解答】

要想求一共有多少人，可以先算一算每个人使用几个碗：

2 人吃 1 碗饭，则每人使用$\frac{1}{2}$个饭碗。

3 人喝 1 碗汤，则每人使用$\frac{1}{3}$个汤碗。

4 人吃 1 碗肉，则每人使用$\frac{1}{4}$个肉碗。

所以，每人一共使用：$\frac{1}{2}+\frac{1}{3}+\frac{1}{4}=\frac{13}{12}$个碗。

用总碗数除以每个人使用的碗数便可以求出客人的总数：

$65 \div \frac{13}{12}=60$ 人。

因此，妇女家一共来了 60 位客人。

※ 算题 6　再操练

1. 寺僧共餐

难度等级：★★★☆☆	思维训练方向：分析思维

【原题】

巍巍古寺在山中，不知寺内几多僧。三百六十四只碗，恰合用尽不差争。三人共食一碗饭，四人共尝一碗羹。请问先生能算者，都来寺内几多僧。（选自《算法统宗》）

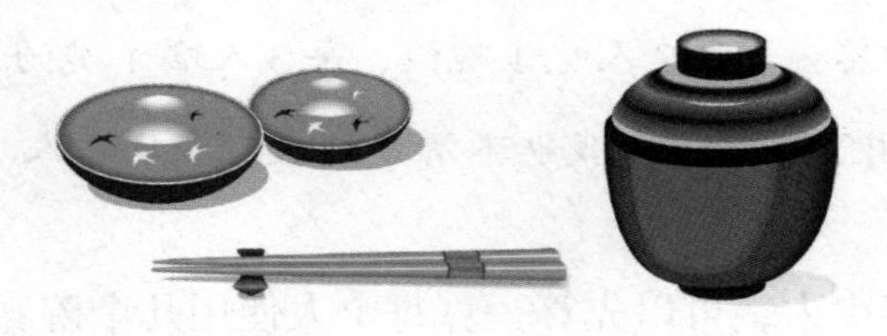

【译文】

山中的古寺里有一些和尚，具体人数不详。吃饭时正好使用了364只碗。已知3个和尚合吃一碗饭，4个和尚共喝一碗汤。问这个寺庙中一共有多少个和尚？

【解答】

根据已知，每人用$\frac{1}{3}$个饭碗，$\frac{1}{4}$个汤碗，每人共用的碗数是：$\frac{1}{3}+\frac{1}{4}=\frac{7}{12}$个。用总碗数除以每个和尚使用的碗数便可以求出一共有多少个和尚：$364\div\frac{7}{12}=624$人。

因此，寺庙中一共有624个和尚。

你能再分别计算一下饭碗和汤碗的个数吗？

因为3人共用1个饭碗，所以饭碗的数量是：$624\div3=208$个。

因为4人共用1个汤碗，所以汤碗的数量是：$624\div4=156$个。

2. 书生共读

难度等级：★★★☆☆　思维训练方向：分析思维

【原题】

毛诗春秋周易书，九十四册共无余。毛诗一册三人读，春秋一本四人呼，周易五人读一本。要分每样几多书，就见学生多少数，请君布算莫踌躇。（选自《算法统宗》）

【译文】

《毛诗》《春秋》和《周易》这三种书一共有94本。每本《毛诗》3人合读，每本《春秋》4人共读，每本《周易》5人同读。计算一下三种书每种各有几本，以及学生的总人数。

【解答】

要想知道三种书每种各有多少，应该先计算出一共有多少学生。根据已知，3人读一本《毛诗》，则每人读$\frac{1}{3}$本《毛诗》；4人读一本《春秋》，则每人读$\frac{1}{4}$本《春秋》；5人读一本《周易》，则每人读$\frac{1}{5}$本《周易》。所以每人读书的总数相当于：$\frac{1}{3}+\frac{1}{4}+\frac{1}{5}=\frac{47}{60}$本。因为一共有94本书，所以学生的总数等于$94\div\frac{47}{60}=120$人。

知道总人数便可以求三种书各有多少本了：

《毛诗》：120 ÷ 3=40本

《春秋》：120 ÷ 4=30本

《周易》：120 ÷ 5=24本

因此，《毛诗》有40本，《春秋》有30本，《周易》有24本，一共有学生120人。

※ 算题 6　拓展

1. 三猫吃食

难度等级：★★☆☆☆　思维训练方向：分析思维

小楠家养了三只猫——白猫、黑猫和花猫，一次她因为要出远门，不得不把这几只猫寄养在邻居家，临走前她买了很多猫粮，这些猫粮如果只给白猫和黑猫吃，够它们吃 30 天；如果只给白猫和花猫吃，够它们吃 24 天；如果只给黑猫和花猫吃，只够吃 20 天。三只猫一起吃这些猫粮一共可以吃多少天?

白猫、黑猫一起吃可以吃 30 天，它俩一天吃$\frac{1}{30}$，

白猫、花猫一起吃可以吃 24 天，它俩一天吃$\frac{1}{24}$，

黑猫、花猫一起吃可以吃 20 天，它俩一天吃$\frac{1}{20}$，

所以，这三只猫两天一共吃掉：$\frac{1}{30}+\frac{1}{24}+\frac{1}{20}=\frac{1}{8}$

这三只猫一天一共吃掉：$\frac{1}{8}\div 2=\frac{1}{16}$

由此可以分析出：所有猫粮三只猫一起吃，一共可以吃 16 天。

第五节　三女归宁

※ 算题 7　三女归宁

难度等级：★★★☆☆　思维训练方向：分析思维

【原题】

今有三女，长女五日一归，中女四日一归，少女三日一归。问三女几何日相会？

（选自《孙子算经》35 卷下）

【译文】

某家有三个女儿，大女儿每 5 天回一趟娘家，二女儿每 4 天回一趟娘家，小女儿每 3 天回一趟娘家。问三个女儿多少天能在娘家会合一次？

【解答】

将长女、二女、小女回家的“归日”5、4、3 置于右方，在此三数的左边对应写 1（表示每 5、4、3 天回家一次）。将 5、4、3 三数分别相乘，即求得“到数”（每次会和前三女各自归家的次数）：大女儿 $4\times3=12$ 到，二女儿 $5\times3=15$ 到，小女儿 $5\times4=20$ 到。再分别用归日乘以到数，即可求出三女多少日会合一次：

大女儿：5×12=60 日

二女儿：4×15=60 日

小女儿：3×20=60 日

因此，三个女儿每 60 天能在娘家相会一次。

提示：

以上是本题的古算解法， 相信你已经看出了，它的本质就是在求三女“归日”的最小公倍数，也就是求5、4、3 的最小公倍数。

※ 算题 7　再操练

1. 跑马相遇

难度等级：★★★☆☆　思维训练方向：分析思维

在一个赛马场里，A 马 1 分钟可以跑 2 圈，B 马 1 分钟可以跑 3 圈，C 马 1 分钟可以跑 4 圈。请问：如果这 3 匹马同时从起跑线上出发，几分钟后，它们又相遇在起跑线上?

根据已知可以求出 A 马跑一圈用 30 秒钟，B 马跑一圈用

20 秒钟，C 马跑一圈用 15 秒钟，也就是说，A 马每 30 秒钟回一次起跑线，B 马 20 秒钟回一次起跑线，C 马 15 秒钟回一次起跑线。因此，求出 30、20、15 的最小公倍数也就求出了三匹马在起跑线再次相遇的时间。30、20、15 的最小公倍数是 60，因此，1 分钟（60 秒）后，三匹马又相遇在起跑线上。

※ 算题 7　拓展

1. 封山周栈

难度等级： ★★★★☆　思维训练方向：分析思维

【原题】

今有封山周栈[1]三百二十五里，甲、乙、丙三人同绕周栈而行，甲日行一百五十里，乙日行一百二十里，丙日行九十里。问周向几何日会？（选自《章丘建算经》）

【注释】

①封山周栈：环山栈道。

【译文】

现有环山栈道周长 325 里，甲、乙、丙三人绕周栈而行，甲每天走 150 里，乙每天走 120 里，丙每天走 90 里。如果一直保持如此速度行走下去，问从同一点出发多少天后三人再次相遇在出发点？

【解答】

先求甲、乙、丙三人环山一周所需天数，甲：$\frac{325}{150}=\frac{13}{6}$天，

乙：$\frac{325}{120}=\frac{65}{24}$天，丙：$\frac{325}{90}=\frac{65}{18}$天；也就是说甲每$\frac{13}{6}$天回一次出发点，乙$\frac{65}{24}$天回一次出发点，丙$\frac{65}{18}$天回一次出发点。根据《三女归宁》题的解法，求出$\frac{13}{6}$、$\frac{65}{24}$、$\frac{65}{18}$三数的最小公倍数即可求出甲、乙、丙再次相遇于出发点的时间。

需要注意的是分数的最小公倍数求法与整数最小公倍数求法不同，需要先求出几个分数分子的最小公倍数，再用它除以分母的最大公约数。对于这道题，分子13、65、65的最小公倍数是65，分母6、24、18的最大公约数是6，用65除以6得$10\frac{5}{6}$。

因此，$10\frac{5}{6}$天之后甲、乙、丙三人将再次相会于出发点。

2. 三兵巡营

难度等级：★★★★★ 思维训练方向：分析思维

【原题】

今有内营七百二十步，中营九百六十步，外营一千二百步。甲、乙、丙三人执夜，甲行内营，乙行中营，丙行外营，俱[1]发南门。甲行九，乙行七，丙行五。问各行几何周，俱到南门？（选自《章丘建算经》）

【注释】

①俱：一起，共同。

【译文】

现有一兵营，内营周长720步，中营周长960步，外营周长1200步。甲、乙、丙三人夜间执勤，甲绕内营而行，乙绕中营而行，丙绕外营而行，一起从南门出发。甲单位时间内的行走速率是9步，乙是7步，丙是5步。问这样匀速行走各多少周三人将再次相遇于南门？

【解答】

首先，还是应该先求出甲、乙、丙三人各自沿内、中、外营环绕一周所需要的时间，甲：$\frac{720}{9\times240}=\frac{1}{3}$日，乙：$\frac{960}{7\times240}=\frac{4}{7}$日，丙$\frac{1200}{5\times240}=1$日，这里将甲、乙、丙三人的行走速率各乘240是为了将分子约分化简，9、7、5三数只表示单位时间内行走路程的比率，所以乘以多少都不会影响结果。现在，可知甲每$\frac{1}{3}$日回一次南门，乙每$\frac{4}{7}$日回一次南门，丙每1日回一次南门。

然后，求$\frac{1}{3}$、$\frac{4}{7}$、1的最小公倍数，分子1、4、1的最小公倍数是4，分母3、7、1的最大公约数是1，4除以1等于4，甲、乙、丙三人4天后再次相会于南门。

最后，用4天分别除以甲、乙、丙行走一圈所需时间，即可求出甲、乙、丙相会之时所走的周数，甲：$4\div\frac{1}{3}=12$周，乙：$4\div\frac{4}{7}=7$周，丙：$4\div1=4$周。

甲行12周，乙行7周，丙行4周之后，三人在南门相遇。

※ 头脑风暴：有趣的行程问题

1. 小猫跑了多远

难度等级：★★★☆☆　思维训练方向：转化思维

同同和苏苏出去玩，苏苏带了一只小猫先出发，10 分钟后同同才出发。同同刚一出门，小猫就向他跑过来，到了同同身边后马上又返回到苏苏那里，就这么往返地跑着。如果小猫每分钟跑 500 米，同同每分钟跑 200 米，苏苏每分钟跑 100 米的话，那么从同同出门一直到追上苏苏的这段时间里，小猫一共跑了多少米？

2. 兔子追不上乌龟

难度等级：★★★☆☆　思维训练方向：判断思维

有一次乌龟和兔子又要比赛谁跑得快。乌龟对兔子说：你的速度是我的 10 倍，每秒跑 10 米。如果我在你前面 10 米远的地方，当你跑了 10 米时，我就向前跑了 1 米；你追我 1 米，我又向前跑了 0.1 米；你再追 0.1 米，我又向前跑了 0.01 米……以此类推，你永远要落后一点点，所以你别想追上我了。

乌龟说得对吗？

3. 比较船速

难度等级：★★★☆☆ 思维训练方向：判断思维

你是否思考过这个问题：船在固定水域逆流而上然后顺流而下所使用的时间是否与它在静水中行驶一个来回的时间相等？

4. 骑马比赛

难度等级：★★★☆☆ 思维训练方向：判断思维

一场骑马比赛正在进行，哪匹马走得最慢就是胜利者。于是，两匹马慢得几乎停止不前，这样进行下去，比赛什么时候才能结束呢？在保证能选出最慢者（优胜者）的前提下，你能想办法让比赛尽快结束吗？

第二章
数字魔方转转转

导语：

在这一章你将看到《孙子算经》谈及的四类计算问题：约分、乘方、开方以及方程运算。可能你早已从学校教育中积累了这样的感受——这些内容简单而枯燥，但是读了这一章，你会发现神奇的数字魔方可以组合出新的、有趣的、令你难以置信的色彩和图案。古代的约分法有什么特别之处？乘方运算如何改变了古人对世界的认识？古人是如何在没有任何电子计算工具的帮助下给任意数口算开方的？古代方程与今天的方程存在怎样的差异？当你找到这几个问题的答案时，你会发现自己已经获得了更加充沛的思维能量。

第一节　千年前的约分术

※ 算题 8　约分$\frac{12}{18}$

难度等级：★★★☆☆　思维训练方向：计算思维

【原题】

今有一十八分之一十二。问约之得几何？（选自《孙子算经》1 卷中）

【译文】

$\frac{12}{18}$约分得多少？

【解答】

$\frac{12}{18}$约分得$\frac{2}{3}$。

你一定觉得这道题已经简单得没有练习的必要了。的确，对于数学运算能力被大大开发的现代人来说，解答这个问题易如反掌。不过，《孙子算经》提供给这道题的解答方法却与我们现在惯用的方法不同，非常值得一提的。

《孙子算经》是这样描述这道题目的解法的："置十八分在下，一十二分在上。副置二位，以少减多，等数得六，为法。约之，即得。"这几句话的大致意思是：在分数$\frac{12}{18}$中，分母 18

在下，分子 12 在上。约分时重新安排分子、分母的位置（多将两数并排放置），从较大的数 18 中减去较小的数 12，求出最大公约数 6，以 6 作为除数，分别去除 18 和 12，所得结果即为所求。

你一定有些疑惑：答案尽管正确，可是这么做是否科学呢？怎么能用减法求最大公约数呢？其实，《孙子算经》提供的这种相减约分法是非常科学的，甚至现代的一些数学家都更倾向于它——而不是我们今天惯常使用的方法，解答一般的约分问题。《孙子算经》的这道例题因为数字太简单，因此并没有把古代的相减约分法阐述清楚。这种相减约分法的“学名”是“更相减损法”，“更相减损”是指在求两数的最大公约数时，不断用两数以及两数差中的大数去减相对较小的数，直到最后得出一个相等差，这个差叫“等数”，也就是我们今天所称的“最大公约数”。

我们将这道题的“更相减损”过程演算出来是这样的：

18	12
18−12=6	12−6=6

提示：

$\frac{12}{18}$的分子分母只更相减损了一次便得到了“等数”6，所以没能淋漓尽致地展现古代算数约分算法的精髓，下面我们来看几道计算过程稍复杂些的约分题。

※ 算题 8　再操练

1. 用古代算法为$\frac{49}{91}$约分

难度等级：★★★☆☆　思维训练方向：计算思维

【原题】

九十一分之四十九。问约之得几何。（选自《九章算术》）

【译文】

$\frac{49}{91}$约分得多少？

【解答】

先依照更相减损法，求 91 和 49 的最大公约数，运算过程如下：

91	49
91−49=42	49−42=7
42−7=35	
35−7=28	
28−7=21	
21−7=14	
14−7=7	

要想求 91 和 49 的最大公约数，先将两数分列。从大数 91 中减去小数 49，差为 42；再从 49 中减去小数 42，等于 7；进而从 42 中连减 5 个 7，直到差等于 7 为止。7 便是 91 和 49 的等数——也即最大公约数。

用 7 分别去约简分母 91 和分子 49，约分的结果是$\frac{7}{13}$。

因此，$\frac{49}{91}$约分得$\frac{7}{13}$。

2. 用古代算法为$\frac{18}{120}$约分

难度等级：★★★☆☆ 思维训练方向：计算思维

首先，用“更相减损法”求“等数”

120	18
120−18×6=12	18−12=6
12−6=6	

6 即是 120 和 18 的“等数”，用它来约简原分数，得$\frac{3}{20}$。

3. 用古代算法为$\frac{10227}{27759}$约分

难度等级：★★★★☆ 思维训练方向：计算思维

首先，用“更相减损法”求“等数”

27759	10227
27759−10227×2=7305	10227−7305=2922
7305−2922×2=1461	2922−1461=1461

1461 即是 27759 和 10227 的“等数”，用它来约简原分数，得$\frac{7}{19}$。

第二节　能量巨大的乘方运算

※ 算题 9　计算 81^2

难度等级：★★☆☆☆　思维训练方向：计算思维

【原题】

九九八十一，自相乘，得几何？（选自《孙子算经》16 卷上）

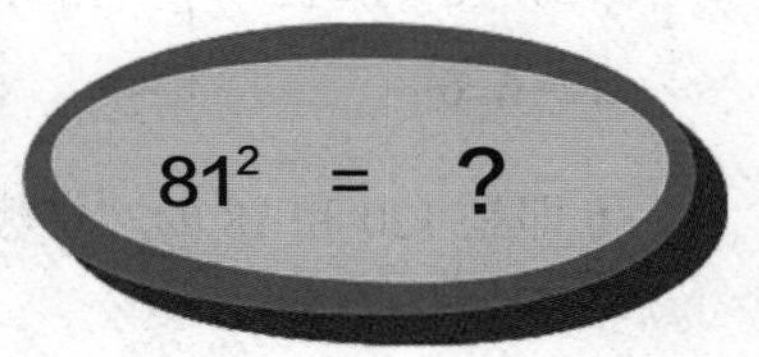

【译文】

81^2（即 81×81）是多少？

【解答】

$81^2=6561$

“81 自相乘”，其实就是求 81 的平方数。这类题目在《孙子算经》中反复出现，可见古人已经意识到乘方运算的重要。至于如何进行乘方运算，《孙子算经》并未给出具有创见性的巧妙方法。一个数的平方运算与一般的两数乘法相同，也是采用乘法口诀与数筹演算相结合的形式。

※ 算题 10　棋盘格几何

难度等级：★★☆☆☆　思维训练方向：图像思维

【原题】

今有棋局方[1]一十九道。问用棋几何？（选自《孙子算经》5卷下）

【注释】

①方：正方形。

【译文】

现有一个纵横各 19 道线的正方形围棋盘。问这个棋盘上最多能放多少个棋子？

【解答】

因为围棋棋子需要放在纵横线的“结点”上，因此，计算这个棋盘能放多少个棋子，只要计算纵横线相交一共能够产生多少个交点就可以了。

19 × 19=361 个

因此，这个棋盘最多能放 361 个棋子。

提示：

其实，上述计算过程也就相当于求 19^2。

※ 算题 10　拓展

1. 有趣的棋盘

难度等级：★★★★☆　思维训练方向：图像思维

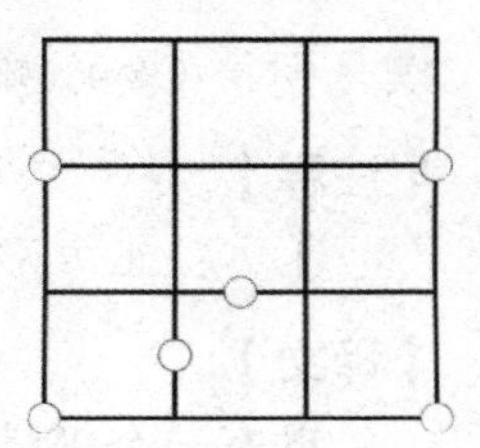

右图是一个棋盘，棋盘上放有 6 颗棋子，请你再在棋盘上放 8 颗棋子，使得：

①每条横线上和竖线上都有 3 颗棋子。

② 9 个小方格的边上都有 3 颗棋子。

正确的摆法如下图所示：

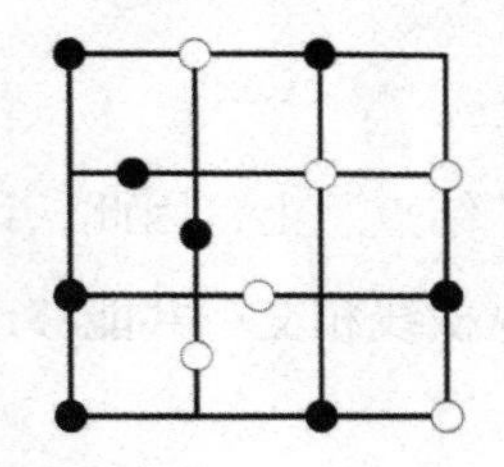

2. 必胜的方法

难度等级：★★★★☆　思维训练方向：图像思维

两个人在围棋盘上轮流放棋子，一次只能放一枚，要求棋子之间不能重叠，也不能越过棋盘的边界，棋盘上再也不能放下一枚棋子时，游戏结束。谁放下了最后一枚棋子，谁获胜。

如果你先放棋子，有没有确保必胜的秘诀?

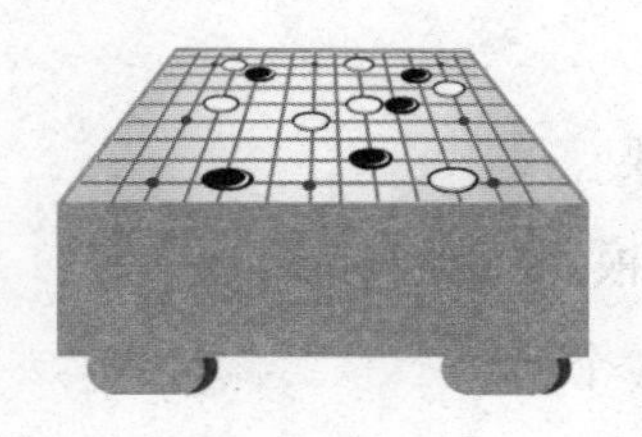

第一枚棋子放在棋盘的正中间，也就是围棋盘的天元上。此后无论对方在中心点之外选取哪一点放棋子，你都可以以中心点为对称中心，找到另一个对称点。这样，只要对方能找到放棋子的位置，你同样也能找到相应的放置位置。因此，你必能获胜。

※ 算题 11　九九数歌

难度等级：★★★☆☆　思维训练方向：计算思维

【原题】

今有出门望见九堤。堤有九木，木有九枝，枝有九巢，巢有九禽，禽有九雏，雏有九毛，毛有九色。问各几何？（选自《孙子算经》34 卷下）

【译文】

今有人出家门望见 9 座堤坝。每座堤坝上有 9 棵树，每棵树有 9 根树枝，每根树枝上有 9 个鸟巢，每个鸟巢里有 9 只大鸟，每只大鸟都养着 9 只小鸟，每只小鸟有 9 根毛，并且每根毛呈现出 9 种不同的颜色。问一共有多少棵树，多少根树枝，多少个鸟巢，多少只大鸟，多少只小鸟，多少根鸟毛，多少种毛色？

【解答】

树：9^2=81 棵

枝：9^3=729 根

巢：9^4=6561 个

禽：9^5=59049 只

雏：9^6=531441 只

毛：9^7=4782969 根

色：9^8=43046721 种

因此，一共有 81 棵树，729 根树枝，6561 个鸟巢，59049 只大鸟，531441 只小鸟，4782969 根羽毛，43046721 种毛色。

这是一道典型的逐级乘方运算题，若干个貌不惊人的“9”，经过 7 次“自相乘”，竟然得出了“千万大数”（43046721）。想想看，几千万种不同的羽毛颜色一定非常绚丽吧！

提示：

怎么样，乘方运算的能力不可估量吧，8 个 9 连乘竟然得出了数值千万的“大数”！下面的拓展题将让你进一步领略乘方运算的“大数效应”。

※ 算题 11　拓展

1.《孙子算经》中的大数

难度等级：★★☆☆☆　思维训练方向：数字思维

【原题】

凡大数之法，万万曰亿，万万亿曰兆，万万兆曰京，万万京曰垓（gāi），万万垓曰秭（zǐ），万万秭曰壤，万万壤曰沟，万万沟曰涧，万万涧曰正，万万正曰载。（选自《孙子算经》3 卷上）

【译文】

大数的称谓方法如下：一万个“万”是“亿”，一亿个“亿”是“兆”，一亿个“兆”是“京”，一亿个“京”是“垓”，一亿个“垓”是“秭”，一亿个“秭”是“壤”，一亿个“壤”是“沟”，一亿个“沟”是“涧”，一亿个“涧”是“正”，一亿个“正”是“载”。

【解答】

《孙子算经》3 卷上的这段文字其实并不是一道问题，它记载了古人对数特别是对“大数”的认识。用现在的阿拉伯数字表示这些大数，是这样的：

万 $=10^{4}$　亿 $=10^{8}$　兆 $=10^{16}$　京 $=10^{24}$

垓 $=10^{32}$　秭 $=10^{40}$　壤 $=10^{48}$　沟 $=10^{56}$

涧 $=10^{64}$　正 $=10^{72}$　载 $=10^{80}$

由此可见，古人所谓的“大数”始于万万——也就是亿，经“兆”“京”“垓”等数位到达“载”，载有多大呢？写一个“1”在它的后面连写 80 个“0”便是“一载”了。

从这些逐级递增的“大数”，我们可以想象《孙子算经》成书之时，我国古人对数或者说对宇宙的认识已经达到了相当的深度。

2. 最大的数

难度等级：★★☆☆☆　思维训练方向：数字思维

用 3 个 9 所能写出的最大的数是什么？

9 的 9 次方的 9 次方，即 $9^{9^9} = 387420489^9$ 这可是一个很大的数。

3. 疯狂的艺术家

难度等级：★★☆☆☆　思维训练方向：数字思

一位疯狂的艺术家为了寻找灵感，把一张厚为 0.1 毫米的很大的纸对半撕开，重叠起来，然后再撕成两半叠起来。假设他如此重复这一过程 25

次，这叠纸会有多厚？

A. 像山一样高　　C. 像一栋房子一样高

B. 像一个人一样高　　D. 像一本书那么厚

选 A.

0.1 毫米 $\times 2^{25}$=3355443.2 毫米 =3355.4432 米

三千多米可是一座大山的高度了！

※ 头脑风暴：乘方戏法儿

1. 巧算平方数

难度等级：★★★☆☆　思维训练方向：计算思维

诚诚今年才上小学二年级，但是他却可以很快地计算出 85×85 和 95×95 这样的大数乘法题，你知道他的秘诀吗？

2. 共有多少蜜蜂

难度等级：★★★★☆　思维训练方向：计算思维

一只蜜蜂外出采花粉，发现一处蜜源，它立刻回巢招来 10 个同伴，可还是采不完。于是每只蜜蜂回去各找来 10 只蜜蜂，大家

再采，还是剩下很多。于是蜜蜂们又回去叫同伴，每只蜜蜂又叫来 10 个同伴，但仍然采不完。蜜蜂们再回去，每只蜜蜂又叫来 10 个同伴。这一次，终于把这一片蜜源采完了。

你知道采这块蜜源的蜜蜂一共有多少只吗？

3. 让错误的等式变正确

难度等级：★★★☆☆ 思维训练方向：计算思维

62–63=1 是个错误的等式，能不能移动一个数字使得等式成立？移动一个符号让等式成立又应该怎样移呢？

62-63=1

4. 设计尺子

难度等级：★★★☆☆ 思维训练方向：数字思维

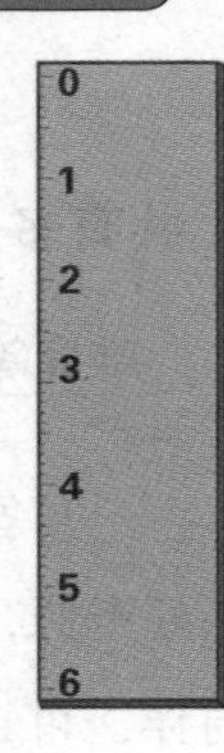

有一把 6 厘米的短尺子，上面有 3 个数字刻度被磨掉了，但是，只要有 4 个数字刻度还在，它就依然可以测量 1 到 6 厘米长的物体，你知道是哪 4 个数字刻度吗？

5. 万能的 2^n

难度等级：★★★☆☆ 思维训练方向：数字思维

灵巧的裁缝手中有 8 块神奇的布，它们分别长 1 厘米、2 厘米、4 厘米、8 厘米、16 厘米、32 厘米、64 厘米以及 128 厘米，这几块布可以保证裁缝从中选取若干块就能拼接出 255 厘米之内的所有长度（整厘米数）。在大家对裁缝和他的布大加称赞之时，裁缝却说这一切都应归功于万能的 2^n，你知道这是怎么回事吗？

6. 第 55 天的花圃

难度等级：★★★☆☆ 思维训练方向：分析思维

花圃里的爬山虎爬得很快，每天增长一倍，只要 56 天便可以覆盖整个花圃。那么，第 55 天时，花圃被覆盖了多少？

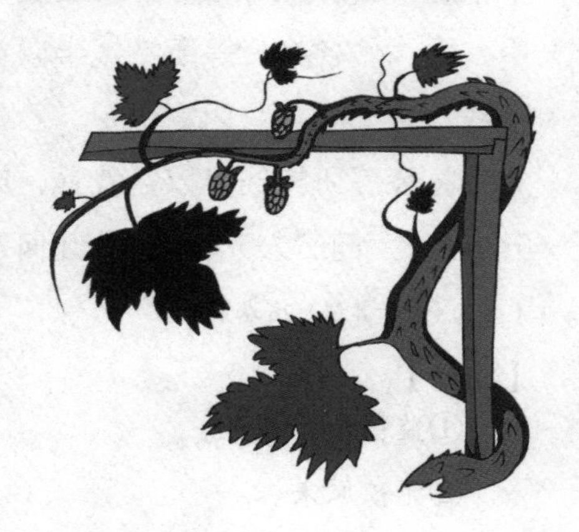

第三节　古代方程

※ 算题 12　三人持钱

难度等级：★★★★☆	思维训练方向：计算思维

【原题】

今有甲、乙、丙三人持钱。甲语乙、丙："各将公等所持钱半以益[①]我钱，成九十。"乙复语甲、丙："各将公等所持钱半以益我钱，成七十。"丙复语甲、乙："各将公等所持钱半以益我钱，成五十六。"问三人元[②]持钱各几何？

（选自《孙子算经》26卷中）

【注释】

①益：给，增补。

②元：原来。

【译文】

甲、乙、丙三人各带了一些钱。甲对乙和丙说："如果你们两位各拿出自己的钱的一半给我，那么我的钱数将为90。"乙对甲、丙说："如果你们两位各拿出自己的钱的一半给我，那么我的钱数将为70。”丙对甲、乙说：“如果你们两位各拿出自己的钱的一半给我，那么我的钱数将为56。”问甲、乙、丙三人原来各带了多少钱？

【解答】

《孙子算经》在解答这道题目时使用了方程法。不过需要说明的是，古算方程与今天的方程还是存在很大差异的：古算方程的类型比较单一，大致相当于今天的多元一次方程组——通过对若干未知数的系数进行不断调整，消去其余未知数，只保留关于一个未知数的等式，之后求解这个未知数，最后再通过这个已经求出的未知数，逐步推解其余未知数。

下面，我们来实际操练一下这道题目，以此感知古算方程的巧妙内涵。

根据题目描述的未知数间的关系，列方程组如下：

$$\begin{cases} \text{甲}+\frac{1}{2}(\text{乙}+\text{丙})=90 \\ \text{乙}+\frac{1}{2}(\text{甲}+\text{丙})=70 \\ \text{丙}+\frac{1}{2}(\text{甲}+\text{乙})=56 \end{cases}$$

将此三式分别乘以$\frac{3}{2}$

$$\begin{cases} \frac{3}{2}\text{甲}+\frac{3}{4}(\text{乙}+\text{丙})=135 \text{①} \\ \frac{3}{2}\text{乙}+\frac{3}{4}(\text{甲}+\text{丙})=105 \text{②} \\ \frac{3}{2}\text{丙}+\frac{3}{4}(\text{甲}+\text{乙})=84 \text{③} \end{cases}$$

将此三式分别乘以$\frac{1}{2}$

$$\begin{cases} \frac{1}{2}\text{甲}+\frac{1}{4}(\text{乙}+\text{丙})=45 \text{④} \\ \frac{1}{2}\text{乙}+\frac{1}{4}(\text{甲}+\text{丙})=35 \text{⑤} \\ \frac{1}{2}\text{丙}+\frac{1}{4}(\text{甲}+\text{乙})=28 \text{⑥} \end{cases}$$

用③－④－⑤：

$\frac{3}{2}$丙 + $\frac{3}{4}$甲 + $\frac{3}{4}$乙 - $\frac{1}{2}$甲 - $\frac{1}{4}$乙 - $\frac{1}{4}$丙 - $\frac{1}{2}$乙 - $\frac{1}{4}$甲 - $\frac{1}{4}$丙 =84-45-35

丙 =4

用② - ④ - ⑥：

$\frac{3}{2}$乙 + $\frac{3}{4}$甲 + $\frac{3}{4}$丙 - $\frac{1}{2}$甲 - $\frac{1}{4}$乙 - $\frac{1}{4}$丙 - $\frac{1}{2}$丙 - $\frac{1}{4}$甲 - $\frac{1}{4}$乙 =105-45-28

乙 =32

用① - ⑤ - ⑥：

$\frac{3}{2}$甲 + $\frac{3}{4}$乙 + $\frac{3}{4}$丙 - $\frac{1}{2}$乙 - $\frac{1}{4}$甲 - $\frac{1}{4}$丙 - $\frac{1}{2}$丙 - $\frac{1}{4}$甲 - $\frac{1}{4}$乙 =135-35-28

甲 =72

因此，甲的钱数是 72，乙为 32，丙为 4。

提示：

古人用方程计算时是不设未知数 x、y、z……的，他们只用算筹摆出未知项的系数，然后针对系数运筹帷幄。为了贴合现代人的思维方式，下面的一些题目我们采用标注未知数的方式，以便大家更透彻地理解古代方程的计算方式。

※ 算题 13　二人持钱

难度等级：★★★☆☆　思维训练方向：数字思维　计算思维

【原题】

今有甲、乙二人，持钱各不知数。甲得乙中半[1]，可满四十八。乙得甲大半[2]，亦满四十八。问甲、乙二人元持钱各几何？（选自《孙子算经》28 卷下）

【注释】

①中半：二分之一。

②大半：三分之二。

【译文】

现有甲、乙两人，所带钱数量不详。甲若得到乙所带钱的一半，钱数便达 48。乙若得到甲所带钱的$\frac{2}{3}$，拥有的钱数也将达到 48。问甲、乙二人原来各带多少钱？

【解答】

根据已知列方程组：

$$\begin{cases} 甲 + \frac{1}{2}乙 = 48 ① \\ 乙 + \frac{2}{3}甲 = 48 ② \end{cases}$$

将① ×4，② ×6

$$\begin{cases} 4甲 + 2乙 = 192 ③ \\ 4甲 + 6乙 = 288 ④ \end{cases}$$

用④ - ③

4 乙 =96

乙 =96 ÷ 4=24 钱

将乙所有钱数带入①，甲 =36 钱。

因此，甲所带钱数是 36，乙所带钱数是 24。

※ 算题 12、13　再操练

1. 买卖牲畜

难度等级：★★★★☆ 思维训练方向：数字思维　计算思维

【原题】

今有卖牛二、羊五，以买十三豕，有余钱一千。卖牛三、豕三，以买九羊，钱适足。卖羊六、豕八，以买五牛，钱不足六百。问牛、羊、豕价各几何？（选自《九章算术》）

【译文】

今有人卖 2 头牛、5 只羊，用所得的钱买 13 头猪，还剩下 1000 钱。如果卖 3 头牛、3 头猪，用所得的钱买 9 只羊，收支刚好持平。如果卖 6 只羊，8 头猪，用所得的钱买 5 头牛，就会缺 600 钱。问牛、羊、猪的价格各是多少？

【解答】

根据已知列方程组：

$$\begin{cases} 2\text{牛}+5\text{羊}=13\text{猪}+1000 \\ 3\text{牛}+3\text{猪}=9\text{羊} \\ 6\text{羊}+8\text{猪}=5\text{牛}-600 \end{cases}$$

参考上面两道《孙子算经》方程题的解法，请你尝试用消去法独立求解这个方程组，最终的解是：

$$\begin{cases} 牛=1200 \\ 羊=500 \\ 猪=300 \end{cases}$$

因此，一头牛的价格是 1200 钱，一只羊的价格是 500 钱，一头猪的价格是 300 钱。

2. 受损的禾苗

难度等级：★★☆☆☆ 思维训练方向：数字思维　计算思维

【原题】

今有上禾五秉，损实一斗一升，当下禾七秉。上禾七秉，损实二斗五升，当下禾五秉。问上、下禾一秉各几何？（选自《九章算术》）

【译文】

今有上等禾苗 5 秉，损失 1 斗 1 升禾实之后，相当于 7 秉下等禾苗的禾实量。7 秉上等禾苗，损失 2 斗 5 升禾实后，相当于 5 秉下等禾苗的禾实量。问上、下两等禾苗每秉各有多少禾实？

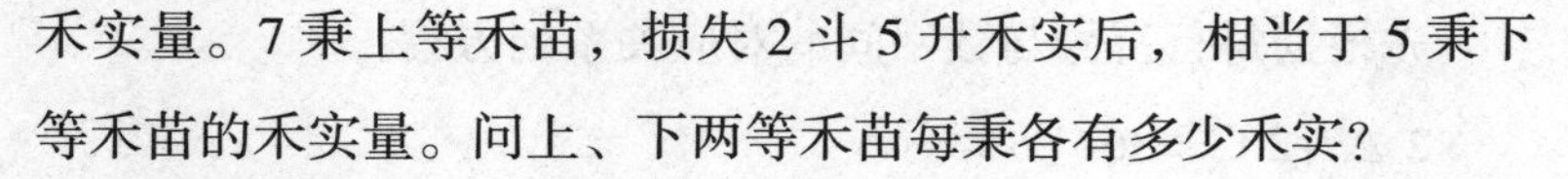

【单位换算】

1 斗 =10 升

【解答】

根据已知列方程组：

5 上禾 −11=7 下禾

7 上禾 −25=5 下禾

用消去法解方程后得：

上禾 =5 升

下禾 =2 升

因此，上等禾苗每秉有禾实 5 升，下等禾苗每秉有禾实 2 升。

※ 算题 12、13　拓展

1. 符号与数字

难度等级：★★★★★　思维训练方向：数字思维　计算思维

图中每一种符号代表一定的数值，图标上方的 4 个数字分别代表它们所对应列的数字之和，图标右方的 4 个数字分别代表它们所对应行的数字之和。问右侧问号处应该是什么数字?

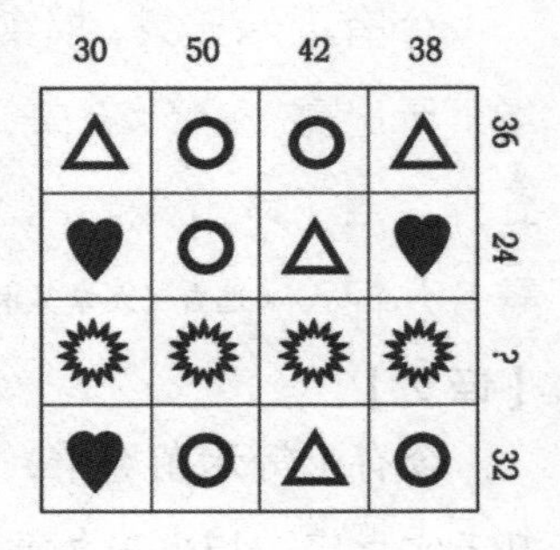

先根据每行符号与数字间的对应关系列方程：

2 △ +2 ○ =36 ①

2 ♥ + △ + ○ =24 ②

♥ + △ +2 ○ =32 ③

② ×2− ①：

4 ♥ =12

♥ =3

把♥ =3 带入②、③，再用③ - ②：

○ =11

把♥ =3，○ =11 带入②：

△ =7

再根据每列符号与数字之间的关系，求出太阳代表的数字；其实我们只要用一列数字来求解就可以了，其余列可以用来验算。最终求得☼ =17，17 × 4=68

因此，问号处应是 68。

2. 卖炊具

难度等级：★★★★★ 思维训练方向：数字思维 计算思维

大刚在农贸市场摆摊卖炊具，他只卖三种东西：炒锅每个 30 元，盘子每个 2 元，小勺每个 0.5 元。一小时后他共卖掉 100 件东西获得 200 元进账。已知每种商品至少卖掉两件，请问每种商品各卖掉多少件?

设炒锅、盘子、小勺各卖了 x、y、z 件，显然 x、y、z 为整数且有：

$x+y+z=100$ ①

$30x+2y+0.5z=200$ ②

② × 2- ①，得，

$59x+3y=300$，变形后得，

$x=3(100-y)\div 59$

由于 x 为整数，$100-y$ 必是 59 的倍数，此时只有 $y=41$ 时才满足条件，故 $y=41$，$x=3$，$z=56$，即炒锅卖了 3 件，盘子卖了 41 件，小勺卖了 56 件。

3. 僧分馒头

难度等级：★★★★☆ 思维训练方向：数字思维　分合思维

【原题】

一百馒头一百僧，大和三个更无争，小和三人分一个，大和小和得几丁？（选自《算法统宗》）

【译文】

100 个和尚分 100 个馒头，大和尚 1 人吃 3 个馒头，小和尚 3 人吃 1 个馒头，问大、小和尚各有几人？

【解答】

这道著名的"僧分馒头"题与上面的"百鸡问题"几乎如出一辙。我们同样可以给大、小和尚分组。根据已知条件的数量特征，把 1 个大和尚与 3 个小和尚分作一组，这样一组 4 人吃 4 个馒头。因为一共有 100 个和尚和 100 个馒头，因此这样的组有 $100\div 4=25$ 个。所以，大和尚有 1 人 ×25 组 =25 人，小和尚有 3 人 ×25 组 =75 人。

因此，有大和尚 25 人，小和尚 75 人。

4. 百钱百鸡

难度等级：★★★★★ 思维训练方向：数字思维 计算思维

【原题】

今有鸡翁一，值钱五，鸡母一，值钱三，鸡雏三，值钱一。凡百钱买百鸡，问鸡翁母雏各几何？（选自《章丘建算经》）

【译文】

已知一只公鸡值5钱，一只母鸡值3钱，3只小鸡值1钱。现花100钱买了100只鸡，问公鸡、母鸡、小鸡各买了几只？

【解答】

这是一道著名的，而且具有一定难度的古算题目，可惜古人对这道题的算法描述得非常简略，我们已经难以从中获得思路启发。如果借用现代方程法求解，这道难题便会被巧妙化解。

首先，设公鸡有 x 只，母鸡有 y 只，小鸡有 z 只。根据已知列方程组如下：

$$\begin{cases} 5x+3y+\dfrac{z}{3}=100 & ① \\ x+y+z=100 & ② \end{cases}$$

①×3-②，用消去法消去小鸡，得 $7x+4y=100$ ③

将③变形，可写作 $7x=4(25-y)$，这个式子说明 x 必须是 4 的倍数才能保证 x、y 都是整数，令 $x=4t$，t 为整数，则 $y=25-7t$，$z=75+3t$。当 $t=1$，2，3 时，方程组的解分别为：

$$\begin{cases} x=4,\ 8,\ 12 \\ y=18,\ 11,\ 4 \\ z=78,\ 81,\ 84 \end{cases}$$

因此，这道题目有三组答案：

1. 公鸡 4 只，母鸡 18 只，小鸡 78 只。

2. 公鸡 8 只，母鸡 11 只，小鸡 81 只。

3. 公鸡 12 只，母鸡 4 只，小鸡 84 只。

5. 春游

难度等级：★★★★☆ 思维训练方向：数字思维　分合思维

某学校组织了一次春游，包括带队的老师和所有任课老师及学生在内一共有 100 人。中午进行野餐，带队老师把带来的 100 份快餐自己留下 1 份，然后按老师每人 2 份，学生 2 人 1 份分下去，正好合适。你能算出这次春游去了多少老师、多少学生吗？

这道题的思路依然与前面两道古算题相同，需要注意的是，我们在给学生和老师分组之前，需要先从 100 人以及 100 份快餐中扣除带队老师那一份，将题目转化为“99 人，99 份快餐”问题，然后再依照相同的思路计算出结果。相信你已经能够独立完成剩余的部分了。

这道题目的正确答案是：这次春游连带队老师在内一共去了 34 位老师和 66 个学生。

第四节　数字魔方转不停

1. 可被 11 整除的数

难度等级：★★★★☆　思维训练方向：数字思维　计算思维　演绎思维

一次数学课上，老师让同学们在一分钟之内判断 106352781573944268 能否被 11 整除，这可难倒了大家，不过还是有几个聪明的学生只用了不到 1 分钟的时间便做出了正确的判断，你知道他们是如何判断的吗？

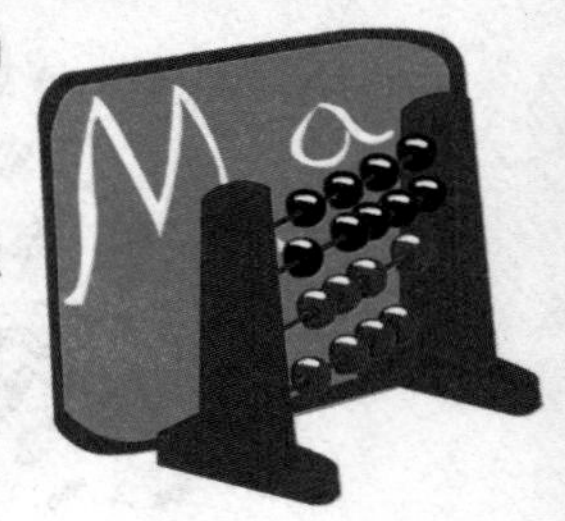

判断一个数能否被 11 整除有一种简便的方法：首先将这个数从个位开始每两位断成一组，如果断到最高数位时只剩一个数字，那么这个数字就自成一组，依此方法 106352781573944268 可以被断成 68、42、94、73、15、78、52、63、10。然后把这些数相加，和为 495。再按同样的方法处理 495，得到 95+4=99，99 可以被 11 整除，由此可以判断 106352781573944268 也可以被 11 整除。

2. 数字魔术

难度等级：★★★★☆　思维训练方向：数字思维　计算思维

“数学博士”给大家变数字魔术，他让观众任意说出一个三位数，然后将这个三位数重复一次写在原数末尾，他说这个数肯定可以被 13、11、7 同时除尽，并且答案依然是原来的那个三位数。比如三位数 358，在其末尾重复一遍是 358358，358358 ÷ 13 ÷ 11 ÷ 7=358。观众们纷纷用自己心中的数算了算，的确是这样，不禁感到非常惊奇，你能解释这个数字魔术背后的原理吗?

首先，你应该知道一个三位数被重复一次后所得的六位数是原三位数的 1001 倍，而 13 × 11 × 7 正好等于 1001。所以这个六位数，既可以被 13、11、7 同时除尽，商又是原来的三位数。

3. 神奇的出生年份

难度等级：★★★★☆ 思维训练方向：数字思维　计算思维

你相信吗? 任何人不论他出生于哪一年，他的出生年份减去组成这个年份的各位数字之和，结果都可以被 9 整除。比如，你出生于 1994 年，用 1994-（1+9+9+4）=1971，1971 果然能被 9 整除。不光我们现代人的出生年份符合这一规律，古人的出生年份也符合这个规律。比如，统一七国的秦始皇出生于公元前 259 年，259-（2+5+9）=243，243 也可以被 9 整除。更多的例子就不举了。怎么样，我们的出生年份很神奇吧?

我们以四位数的出生年份为例，假设这个年份是 $abcd$，那么与这个年份相对应的四位数可以表示为：

$1000a+100b+10c+d$，$1000a+100b+10c+d-(a+b+d+c)$
$=999a+999b+999c$，

这个差是肯定能被 9 整除的。其他位数的出生年份同理。

4. “3” 的趣味计算

难度等级：★★★★☆ 思维训练方向：计算思维

在下列算式中添加四则符号，使等式成立。

（1）3 3 3 3 3 = 1

（2）3 3 3 3 3 = 2

（3）3 3 3 3 3 = 3

（4）3 3 3 3 3 = 4

（5）3 3 3 3 3 = 5

（6）3 3 3 3 3 = 6

（7）3 3 3 3 3 = 7

（8）3 3 3 3 3 = 8

（9）3 3 3 3 3 = 9

(10) 3　3　3　3　3 ＝ 10

(1) $(3+3)\div3-3\div3=1$

(2) $3\times3\div3-3\div3=2$

(3) $3\times3\div3+3-3=3$

(4) $(3+3+3+3)\div3=4$

(5) $3\div3+3+3\div3=5$

(6) $3\times3+3-3-3=6$

(7) $3\times3-(3+3)\div3=7$

(8) $3+3+3-3\div3=8$

(9) $3\times3\div3+3+3=9$

(10) $3+3+3+3\div3=10$

5. “1”的趣味算式

难度等级：★★★★☆　思维训练方向：计算思维

$1\times1=?$

$11\times11=?$

$111\times111=?$

$1111\times1111=?$

$11111\times11111=?$

$1\times1=1$

$11\times11=121$

$111\times111=12321$

$11111 \times 1111=1234321$

$111111 \times 11111=123454321$

6. 等于 51

难度等级：★★★★☆ 思维训练方向：计算思维

在算式中添上四则运算符号，使等式成立。

① 1 2 3 4 5 6 7=51

② 2 3 4 5 6 7 1=51

③ 3 4 5 6 7 1 2=51

④ 4 5 6 7 1 2 3=51

⑤ 5 6 7 1 2 3 4=51

⑥ 6 7 1 2 3 4 5=51

⑦ 7 1 2 3 4 5 6=51

① $1 \times 2+3 \times 4+5 \times 6+7=51$

② $2+3 \times 4+5 \times 6+7 \times 1=51$

③ $3 \times 4+5 \times 6+7+1 \times 2=51$

④ $4+5+6 \times 7+1+2-3=51$

⑤ $5+6 \times 7+1+2-3+4=51$

⑥ $6 \times 7+1+2-3+4+5=51$

⑦ $7+1 \times 2+3 \times 4+5 \times 6=51$

7. 抢报 30

难度等级：★★★☆☆　思维训练方向：数字思维

蓬蓬和亨亨玩一种叫“抢30”的游戏。游戏规则很简单：两个人轮流报数，第一个人从 1 开始，按顺序报数，他可以只报 1，也可以报 1、2。第二个人接着第一个人报的数再报下去，但最多也只能报两个数，却不能一个数都不报。例如，第一个人报的是 1，第二个人可报 2，也可报 2、3；若第一个人报了 1、2，则第二个人可报 3，也可报 3、4。接下来仍由第一个人接着报，如此轮流下去，谁先报到 30 谁胜。

蓬蓬很大度，每次都让亨亨先报，但每次都是蓬蓬胜。亨亨觉得其中肯定有猫儿腻，于是坚持要蓬蓬先报，结果几乎每次还是蓬蓬胜。

你知道蓬蓬必胜的策略是什么吗？

蓬蓬的策略其实很简单：他总是报到 3 的倍数为止。如果亨亨先报，根据游戏规定，他或报 1，或报 1、2。若亨亨报 1，则蓬蓬就报 2、3；若亨亨报 1、2，蓬蓬就报 3。接下来，亨亨从 4 开始报，而蓬蓬视亨亨的情况，总是报到 6。依此类推，蓬蓬总能使自己报到 3 的倍数为止。由于 30 是 3 的倍数，所以蓬蓬总能报到30。

8. 从1加到100

难度等级：★★☆☆☆ 思维训练方向：计算思维

高斯小时候很喜欢数学，有一次在课堂上，老师出了一道题："1加2、加3、加4……一直加到100，和是多少？"过了一会儿，正当同学们低着头紧张地计算的时候，高斯却脱口而出："结果是5050。"

你知道他是用什么方法快速算出来的吗?

第一个数和最后一个数、第二个数和倒数第二个数相加，它们的和都是一样的，即1+100=101，2+99=101……50+51=101，一共有50对这样的数，所以答案是：50×101=5050。

第三章
分配魔棒轻巧点

导语：

无论是在古代还是现代社会，人们总要面对各类分配问题提出的“挑战”，如果用心“应战”，你将不仅攻克难关，同时练就聪慧头脑。古人把他们遇到的分配问题归作两类：“均分”和“衰（cuī）分”，前者包含各类平均分配问题，后者涉及非平均分配，特别是按比例分配问题。本章便依照这个标准给《孙子算经》中的分配算题分了类，并在每一类后补充了大量现代题目。别再犹豫了，现在就调动你身上蕴藏的分配高手的潜质，轻轻挥舞魔棒吧！

第一节　均分

提示：

大家在第二章看到的“盈不足”问题其实也属于分配问题，但是因为它们特征鲜明，在古代算数史的地位又异常突出，所以，本书把它列在了第二章。

※ 算题 14　均分绢

难度等级：★☆☆☆☆　思维训练方向：计算思维

【原题】

今有绢七万八千七百三十二匹，令一百六十二人分之。问人得几何？（选自《孙子算经》8 卷下）

【译文】

现有绢 78732 匹，若 162 人分这些绢。问每人分得多少？

【解答】

78732 ÷ 162=486 匹

每人分得 486 匹。

※ 算题 15　均分绵

难度等级：★☆☆☆☆　思维训练方向：计算思维

【原题】

今有绵九万一千一百三十五斤，给予三万六千四百五十四户。问户得几何？（选自《孙子算经》10 卷下）

【译文】

现有绵 91135 斤，分给 36454 户。问每户分得多少？

【单位换算】

1 斤 =16 两

【解答】

91135 ÷ 36454=2 斤……18227 斤

将余数 18227 斤换算成以“两”做单位的数量，平均分配下去：

18227 × 16=291632 两

291632 ÷ 36454=8 两

因此，每户分得 2 斤 8 两。

※ 算题 16　征兵

难度等级：★☆☆☆☆　思维训练方向：计算思维

【原题】

今有丁一千五百万，出兵四十万。问几丁科一兵？（选自《孙子算经》2 卷下）

【译文】

现有男丁 15000000 人，出兵 400000 人。问多少男丁即分配一个兵员名额？

【解答】

15000000 ÷ 400000=37.5

平均每 37 至 38 个男丁，征一兵。

※ 算题 17　均载

难度等级：★☆☆☆☆	思维训练方向：计算思维

【原题】

今有租九万八千七百六十二斛，欲以一车载五十斛，问用车几何？（选自《孙子算经》6 卷下）

【译文】

现有粮租 98762 斛，欲用车来运这些粮食，每车装 50 斛，需要多少辆车？

【解答】

98762 ÷ 50=1975 辆……12 斛

因此，需 1975 辆车，此外还剩下 12 斛粮食。

※ 头脑风暴：测算你的“公平”指数

1. 鸭梨怎么分

难度等级：★★★★☆	思维训练方向：分合思维

蕾蕾家里来了 5 位同学。蕾蕾想用鸭梨来招待他们，可是

家里只有 5 个鸭梨，怎么办呢？ 谁少分一份都不好，应该每个人都有份（蕾蕾也想尝尝鸭梨的味道）。那就只好把鸭梨切开了，可是又不好切成碎块，蕾蕾希望每个鸭梨最多切成 3 块。于是，这就面临一个难题：给 6 个人平均分配 5 个鸭梨，任何一个鸭梨都不能切成 3 块以上。蕾蕾想了一会儿就把问题解决了。你知道她是怎么分的吗？

2. 果汁的分法

难度等级：★★★☆☆ 思维训练方向：分合思维

7 个满杯的果汁、7 个半杯的果汁和 7 个空杯，平均分给 3 个人，该怎么分？

3. 老财主的难题

难度等级：★★★☆☆ 思维训练方向：图像思维

一位老财主有 4 个儿子。他临死前，除了一块正方形的土地，什么都没有留下，土地上面有 4 棵每年都会结果的苹果树，树与树之间的距离是相等的，从土地的中心到一边排成一排。老财主把这个难题交给 4 个儿子，要求儿子们把土地和果树平均分配，可是没有一个儿子能解答。你知道该怎么分吗？

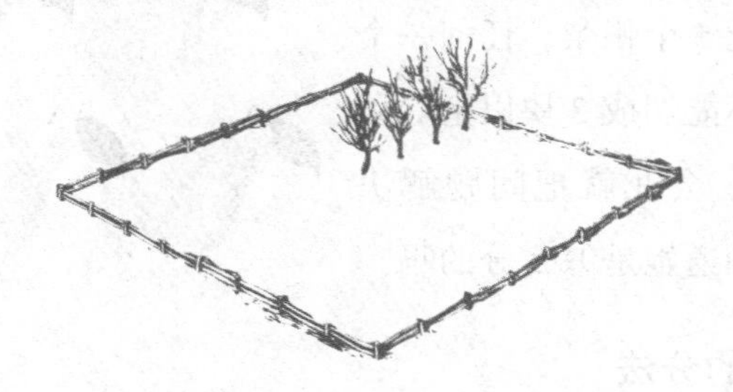

4. 每家一口池塘

难度等级：★★★★☆ 思维训练方向：分合思维

在一块正方形的土地上，住了 4 户人家，刚好这块土地上有 4 口池塘。怎样才能把土地平均分给 4 户人家，而且每一户人家都有一口池塘？

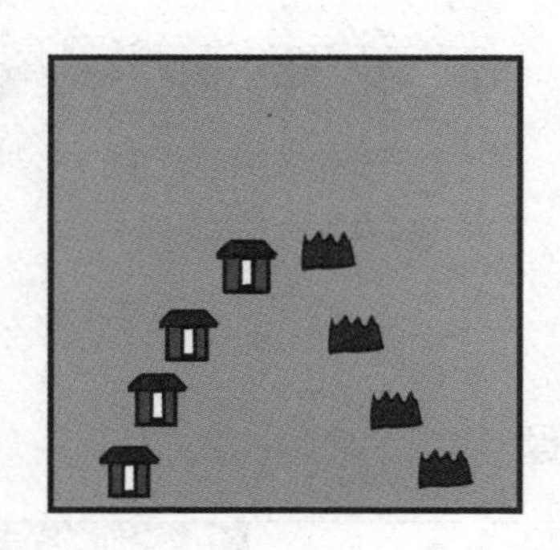

第二节　衰分

※ 算题 18　九家输租

难度等级：★★★★☆	思维训练方向：分析思维　计算思维

【原题】

今有甲、乙、丙、丁、戊、己、庚、辛、壬九家共输租。甲出三十五斛，乙出四十六斛，丙出五十七斛，丁出六十八斛，戊出七十九斛，己出八十斛，庚出一百斛，辛出二百一十斛，壬出三百二十五斛。

凡九家共输租一千斛，僦运直折二百斛外①，问家各几何？（选自《孙子算经》1 卷下）

【注释】

①僦（jiù）运直折二百斛外：以其中 200 斛折做运费。僦，运输，也指运输费。直，价值。折，折算。

【译文】

现有甲、乙、丙、丁、戊、己、庚、辛、壬九家一同运送租粮。甲出 35 斛、乙出 46 斛、丙出 57 斛、丁出 68 斛、戊出 79 斛、己出 80 斛、庚出 100 斛、辛出 210 斛、壬出 325 斛。这九家每输租 1000 斛就要将其中 200 斛折作运费。问如此折算后每户实际输送租粮多少斛？

【单位换算】

1 斛 =10 斗

【解答】

因为每输租 1000 斛，就要将其中 200 斛折作运费，因此九家实际输租 800 斛。折算到每家后，每家实际输租 $\frac{800}{1000}$ × 每家应输租 = $\frac{4}{5}$ × 每家应输租，因此，

甲实际输租：$\frac{4}{5}$ ×35=28 斛

乙实际输租：$\frac{4}{5}$ ×46=36.8 斛 =36 斛 8 斗

丙实际输租：$\frac{4}{5}$ ×57=45.6 斛 =45 斛 6 斗

丁实际输租：$\frac{4}{5}$ ×68=54.4 斛 =54 斛 4 斗

戊实际输租：$\frac{4}{5}$ ×79=63.2 斛 =63 斛 2 斗

己实际输租：$\frac{4}{5}$ ×80=64 斛

庚实际输租：$\frac{4}{5}$ ×100=80 斛

辛实际输租：$\frac{4}{5}$ ×210=168 斛

壬实际输租：$\frac{4}{5}$ ×325=260 斛

因此，甲输 28 斛、乙输 36 斛 8 斗、丙输 45 斛 6 斗、丁输 54 斛 4 斗、戊输 63 斛 2 斗、己输 64 斛、庚 80 斛、辛输 168 斛、壬 260 斛。

※ 算题 18　再操练

1. 赵嫂织麻

难度等级：★★★☆☆　思维训练方向：分析思维

【原题】

赵嫂自言快织麻，张宅李家雇了她。张宅六斤十二两，二斤四两是李家。共织七十二尺布，二人分布闹喧哗。借问卿中能算士，如何分得市无差。（选自《算法统宗》）

【译文】

擅长织麻的赵嫂受雇于张、李两家，张家为赵嫂提供 6 斤 12 两棉花，李家提供 2 斤 4 两棉花，赵嫂一共织了 72 尺布，问如何公平地将这些布分给张、李两家。

【单位换算】

1 斤 =16 两

1 丈 =10 尺

【解答】

为公平起见，分布时应按照张、李两家所提供棉花的比例来分配。先换算单位，将斤化为两，则张家提供了 16×6+12=108 两棉花，李家提供了 16×2+4=36 两棉花，108+36=144 两，张家占了 144 份中的 108 份，李家占了 144 份中的 36 份。根据张、李两家提供棉花的比例：

张家分得布：$72\times\frac{108}{144}$=54 尺 =5 丈 4 尺

李家分得布：$72\times\frac{36}{144}$=18 尺 =1 丈 8 尺

因此，张家分得 5 丈 4 尺布，李家分得 1 丈 8 尺布。

2. 分橘子

难度等级：★★★☆☆　思维训练方向：分析思维

甲、乙、丙三家约定 9 天之内各打扫 3 天楼梯。丙家由于有事，没能打扫，楼梯就由甲、乙两家打扫，这样甲家打扫了 5 天，乙家打扫了 4 天。丙回来以后就以 9 千克橘子表示感谢。

请问：丙该怎样按照甲、乙两家的劳动成果分配这 9 千克橘子呢?

在帮丙家打扫楼梯的 3 天中，甲家打扫 2 天，即干了丙家任务的$\frac{2}{3}$；乙家打扫 1 天，即干了丙家任务的$\frac{1}{3}$。按劳动量分配橘子，甲家应得 $9\times\frac{2}{3}$=6 千克，乙家应得 $9\times\frac{1}{3}$=3 千克。

※ 算题 19　三鸡啄粟

难度等级：★★★☆☆　思维训练方向：分析思维

【原题】

今有三鸡共啄粟一千一粒。雏啄一，母啄二，翁啄四。主责①本②粟。三鸡主各偿几何？（选自《孙子算经》30 卷下）

【注释】

①责：要求归还。

②本：原来的。

【译文】

三种鸡一共吃掉1001粒粟。已知小鸡每吃1粒，母鸡吃2粒，公鸡吃4粒。粟主要求鸡主赔偿损失。三种鸡的主人各应偿还多少粟？

【解答】

三鸡主应根据三种鸡所吃粟的比例赔偿粟主，根据已知，三种鸡吃粟的比例为1∶2∶4，则三鸡主应偿还粟的数量分别是：

小鸡主：1001÷7=143粒。

母鸡主：143×2=286粒。

公鸡主：143×4=572粒。

※ 算题19　再操练

1. 三畜食苗

难度等级：★★★☆☆　思维训练方向：分析思维

【原题】

今有牛、马、羊食人苗，苗主责之粟五斗。羊主曰："我羊食半马。"马主曰："我马食半牛。"今欲衰偿之，问各出几何。（选自《九章算术》）

【译文】

牛、马、羊吃了别人的禾苗，苗主要求三牲畜的主人赔偿他5斗粟。羊的主人说：“我的羊吃了马一半的量。”马的主人说：“我的马吃了牛一半的量。”现在若依据三畜吃苗的量按比例赔偿苗主，牛主、马主、羊主各应偿还多少粟？

【单位换算】

1斗=10升

【解答】

5斗等于50升。根据羊主、马主所说，可以知道羊、马、牛所吃禾苗的比例为1∶2∶4，也就是说，羊吃了7份中的1份，马吃了7份中的2份，牛吃了7份中的4份，根据三畜吃苗的比例分配赔偿，三牲畜的主人各应偿还的粟的数量是：

羊主：50升 $\div 7=7\frac{1}{7}$升。

马主：$7\frac{1}{7}$升 $\times 2=1$斗$4\frac{2}{7}$升。

牛主：$7\frac{1}{7}$升 $\times 4=2$斗$8\frac{4}{7}$升。

※ 算题20　81人分钱

难度等级：★★★★☆　思维训练方向：分析思维　计算思维

【原题】

今有钱六千九百三十，欲令二百一十六人作九分分之，八十一人，人与二分；七十二人，人与三分；六十三人，人与四分。问三种各得几何？（选自《孙子算经》24卷中）

【译文】

现有钱 6930，欲让 216 人分 9 份分这些钱，81 人每人分得 2 份；72 人每人分得 3 份；63 人每人分得 4 份。问这三类人每人各得多少钱？

【解答】

根据已知，6930 钱可被分成 $81\times2+72\times3+63\times4=630$ 等份，则，

81 人每人得钱：$6930\times\frac{2}{630}=22$ 钱。

72 人每人得钱：$6930\times\frac{3}{630}=33$ 钱。

63 人每人得钱：$6930\times\frac{4}{630}=44$ 钱。

※ 算题 20　再操练

1. 五人分粟

难度等级：★★★☆☆　思维训练方向：分析思维

【原题】

今有禀粟五斛，五人分之。欲令三人得三，二人得二，问各几何？（选自《九章算术》）

【译文】

今有粟 5 斛，5 个人分，其中有 3 人每人得 3 份，有 2 人每人得 2 份。每人各得粟多少？

【单位换算】

1 斛 =10 斗

1 斗 =10 升

【解答】

根据已知，5 斛粟可以被分成 $3\times3+2\times2=13$ 等份，则得 3 份的 3 人，每人得粟：$5\times\frac{3}{13}=\frac{15}{13}$斛 =1 斛 1 斗 5 $\frac{5}{13}$升。得 2 份的 2 人，每人得粟：$5\times\frac{2}{13}=\frac{10}{13}$斛 =7 斗 6 $\frac{12}{13}$升。

※ 算题 21　巧女织布

难度等级：★★★☆☆　思维训练方向：分析思维　计算思维

【原题】

今有女子善织，日自倍。五日织通五尺。问日织几何？（选自《孙子算经》27 卷中）

【译文】

有一女子很会织布，她每天织布的数量是前一天的一倍。五天共织布 5 尺，问这五天她每天各织多少布？

【单位换算】

1 尺 =10 寸

【解答】

将该女子五日每天所织布的比例数（第一天为 1、第二天为 2、第三天为 4、第四天为 8、第五天为 16）相加，等于 31，作为分母。用 5 尺乘以每天织布的比例数，作为分子。分子除以分母，即能求出每天织布的数量：

第一天织布：50 寸 $\times\frac{1}{31}$=1 $\frac{19}{31}$寸

第二天织布：50 寸 × $\frac{2}{31}$ =3 $\frac{7}{31}$寸

第三天织布：50 寸 × $\frac{4}{31}$ =6 $\frac{14}{31}$寸

第四天织布：50 寸 × $\frac{8}{31}$ =1 尺 2 $\frac{28}{31}$寸

第五天织布：50 寸 × $\frac{16}{31}$ =2 尺 5 $\frac{25}{31}$寸。

※ 算题 21　拓展

1. 五人分钱

难度等级：★★★★★　思维训练方向：分析思维　计算思维

【原题】

今有五人分五钱，令上二人所得与下三人等。问各得几何？（选自《九章算术》）

【译文】

今有 5 人分 5 钱，如果使上 2 人与下 3 人所得钱数相等，问每人分得多少钱？

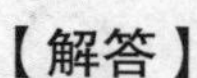

【解答】

这道题目的题干不仅明确要求上 2 人与下 3 人所得钱数相等，而且还隐含着这五人所得钱数逐级递减的条件——从上到下，5 人所得钱数由多至少，比例为：5 ∶ 4 ∶ 3 ∶ 2 ∶ 1，上 2 人比例之和为 9，下 3 人比例之和为 6，两者之差是 3。

为保证此两者相等，在 5 人原比值的基础上分别加 3，得 5 人从上到下的比值是 8 ∶ 7 ∶ 6 ∶ 5 ∶ 4，此时上 2 人的比值

之和与下 3 人的比值和相等，都是 15。因为五人得钱的比例之和是 8+7+6+5+4=30，因此，

甲（上第 1 人）得：$5\times\frac{8}{30}=1\frac{1}{3}$钱

乙（上第 2 人）得：$5\times\frac{7}{30}=1\frac{1}{6}$钱

丙（下第 3 人）得：$5\times\frac{6}{30}=1$ 钱

丁（下第 2 人）得：$5\times\frac{5}{30}=\frac{5}{6}$钱

戊（下第 1 人）得：$5\times\frac{4}{30}=\frac{2}{3}$钱

※ 算题 22　五侯分橘

难度等级：★★★★☆　思维训练方向：逆向思维

【原题】

今有五等诸侯[1]，共分橘子六十颗。人别加三颗。问五人各得几何？（选自《孙子算经》25 卷中）

【注释】

①五等诸侯：级别由高到低依次是“公、侯、伯、子、男”。

【译文】

公、侯、伯、子、男五等诸侯，分 60 个橘子。已知，等级每下降一等就少得 3 个橘子。问五位诸侯各分得多少个橘子？

【解答】

这是《孙子算经》中的另外一道题目，虽然也是若干人按照等级高低分配物品，但却不是按照一定比例，而是按照数量递增或递减分配，他们分得物品的个数程等差数列的形态。

根据已知，五等诸侯所得的橘子数量随他们级别的高低每升一级增加 3 个，因此，可以先按照等级由低到高的次序，分给男 3 个橘子，子 6 个，伯 9 个，侯 12 个，公 15 个。这些已经分出的橘子加在一起共有 45 个。然后，用 60 减 45 得 15，是剩下未分的橘子。最后，把这 15 个剩下未分的橘子平分给五位诸侯，每人再各得 3 个橘子。加上一开始分到的橘子，公得到 18 个，侯得到 15 个，伯得到 12 个，子得到 9 个，男得到 6 个。

《孙子算经》提供的这种思路是不是非常巧妙？对于这类问题，人们惯常的思路是先求出每个人都会得到的最基本的量——也就是男分到的橘子数，然后再逐级加 3，依次求子、伯、侯、公分得的橘子个数。但是《孙子算经》却反其道而行，一上来就先把“人别加三颗”的问题解决了，然后才将每个人都会得到的基本量平均分配下去。

不过，这里有一点需要说明，孙子的算法其实存在一个小小的疏漏：分配不应该从男开始，而应该从子开始。首先分给子 3 个，伯 6 个，侯 9 个，公 12 个，因为问题所述“人别加三颗”的规律是从处于倒数第二等级的子开始的，级别最低的男初始分得多少个橘子是未知的，而孙子一开始就确定男至少可以分得 3 个橘子，是不妥当的。让我们继续把刚才的求解过程补充完整：3+6+9+12=30，用橘子总数 60 减去 30 等于 30，把剩下的 30 个平均分给五个诸侯，每人再分得 6 个，这让公分得 12+6=18 个，侯分得 9+6=15 个，伯分得 6+6=12 个，子分得 3+6=9 个，男分得 0+6=6 个。答案依然是正确的。这样做不仅方法同样巧妙，思路也更严谨。

※ 算题 22　拓展

1. 这句话对吗

难度等级：★★★☆☆　思维训练方向：判断思维

皮皮对琪琪说：“我能将 100 枚围棋子装在 15 只塑料杯里，每只杯子里的棋子数目都不相同。”这句话对吗？

肯定不对。

从第一只杯子里放 1 枚棋子算起，要想数目不同只能是把 2、3、4……放入后面相对应的杯子里，这样得出 15 只杯子全不相同，最少所需的棋子数是 $1+2+3+4\cdots\cdots+15=120$。现在只有 100 个棋子，当然是不够装的。

※ 算题 23　三人分米

难度等级：★★★★☆　思维训练方向：逆向思维

【原题】

今有器中米，不知其数。前人取半，中人三分取一，后人四分取一，余米一斗五升。问本米几何？（选自《孙子算经》19卷下）

【译文】

容器中有一些米，不知道具体有多少。当第一个人取走它的$\frac{1}{2}$、第二个人取走第一个人剩下的$\frac{1}{3}$，第三个人取走第二个人剩下的$\frac{1}{4}$，余下 1 斗 5 升米。问原来有多少米？

【单位换算】

1 斗 =10 升

【解答】

这道题我们可以应用逆向思维，从“余米”入手逐步求“本米”，这样问题就会变得简单很多：

首先，把 1 斗 5 升换算为 1.5 斗，用 1.5 斗米除以与之相对应的最后一个人取米之后所剩大米的分数比：$1.5\div\left(1-\frac{1}{4}\right)=1.5\times\frac{4}{3}=2$ 斗，2 斗是第二个人取米之后的“余米”量。依照同样的思路，用 2 斗米除以它所对应的分数比值：$2\div\left(1-\frac{1}{3}\right)$

$=2\times\frac{3}{2}=3$ 斗，3 斗是第一个人取米之后的“余米”量。最后用 $3\times2=6$ 斗，6 斗即是“本米”的数量。

因此，原来有 6 斗米。

※ 算题 23　拓展

1. 有多少个苹果

难度等级：★★★★☆　思维训练方向：逆向思维

大明、老张、小李三个好伙伴在城里打工，年底合买了一堆苹果准备给家人带回去，然后三人都躺下睡起觉来。过了一会儿大明先醒来，看看另两个人还在睡觉，便自作主张将地上的苹果分成 3 份，发现还多一个，就把那个苹果吃了，然后拿着自己的那份走了。老张第二个醒来，说道：“怎么大明没拿苹果就走了？不管他，我把苹果分一下。”于是他也将苹果分成 3 份，发现也多一个，也把多的那个给吃了，然后拿着自己的那份走了。小李最后一个醒来，奇怪两个伙伴怎么都没拿苹果就走了，于是又将剩下的苹果分成 3 份，发现也多一个，便也把它吃了，拿着自己的那份回家了。

请问，一开始最少有多少个苹果？

解题方法可倒推：

（1）假定最后剩下的两份为 2 个即每份 1 个，则在小李醒来时共有 4 个苹果，在老张醒来时共有 7 个苹果，而 7 个苹果不能构成两份，与题意不符合。

（2）假定最后剩下的两份为 4 个即每份 2 个，则在小李醒来时共有 7 个苹果，也与题意不符合。

（3）假定最后剩下的两份为 6 个即每份 3 个，则在小李醒来时共有 10 个苹果，在老张醒来时共有 16 个苹果，而大明分出的三份苹果，每份有 8 个苹果，此外还多余一个。

因此，一开始最少有 25 个苹果。

※ 头脑风暴：分配高手终炼成

1. 遗产该怎么分

难度等级：★★★☆☆　思维训练方向：创意思维

一位古希腊寡妇要把她丈夫遗留下来的 3500 元遗产同她即将出生的孩子一起分配。如果生的是儿子，那么按照古希腊的法律，母亲应分得儿子份额的一半，如果生的是女儿，母亲就应分得女儿份额的 2 倍。可是如果生的是一对双胞胎——一男一女，遗产又该怎么分呢？这个问题把律师给难倒了。聪明的你知道遗产该怎么分吗？

2. 遗书分牛

难度等级：★★★★☆　思维训练方向：数字思维　计算思维

一农场主在遗书中写道：妻子分全部牛的半数加半头，长子分剩下牛的半数加半头，次子分再剩下牛的半数加半头，幼子分最后剩下牛的半数加半头。

结果一头牛没杀，一头牛没剩，正好分完。农夫留下几头牛？

3. 巧妙分马

难度等级：★★★★☆　思维训练方向：创意思维

一个拥有 24 匹马的商人给 3 个儿子留下“传给长子$\frac{1}{2}$，传给次子$\frac{1}{3}$，传给幼子$\frac{1}{8}$”的遗言后就死了。但是，在这一天有 1 匹马也死掉了。这 23 匹马用 2，3，8 都无法除开，总不能把一匹马分成两半吧？这真是个难题。你知道应该怎样解决吗？

第四章
“商务通”，脑中安

导语：

成为智慧的经营者、创造并积累更多财富，相信是当下很多人的梦想，所以尽管《孙子算经》中涉及此类内容的题目并不多，但本书还是把它们挑选出来，构成单独的一章。本章前半部分围绕商业贸易问题展开，后半部分则关注个人理财问题。需要提醒你的是，传授具体的经营知识及理财技能并不是本章的重点。如果你在思考了后面的题目之后，发现自己的思路更加清晰、灵活了，甚至头脑中仿佛安了个“商务通”，那么，设置本章的目的也就达到了。

第一节　公平交易

※ 算题 24　粟换糯米

难度等级：★☆☆☆☆　思维训练方向：计算思维

【原题】

今有粟一斗，问为糯米[①]几何？（选自《孙子算经》5 卷中）

【注释】

①糯米：一种黏米。

【译文】

现有粟 1 斗，问可换多少糯米？

【单位换算】

1 斗 =10 升

粟与糯米的兑换比率是：

粟：糯米 =50 ： 30

【解答】

根据称量单位间的换算关系，1 斗等于 10 升，再根据粟与糯米间的兑换比率，可知：

兑换糯米的量 =10 升 ×30÷50=6 升

因此，1 斗粟可换 6 升糯米。

提示：

中国古代算数文化将利用比例关系求解的方法称作“今有术”，物品交换类算题是“今有术”的典型代表。

※ 算题 25　粟换御米

难度等级：★☆☆☆☆　思维训练方向：计算思维

【原题】

今有粟七斗九升，问为御米[1]几何？（选自《孙子算经》8 卷中）

: =50 ： 21

【注释】

①御米：上等精米，精于糳米。

【译文】

今有粟 7 斗 9 升，问可换多少御米？

【单位换算】

1 斗 =10 升

1 升 =10 合

1 合 =10 勺

粟与御米的兑换比率是：

粟：御米 =50 ： 21

【解答】

根据称量单位间的换算关系，7斗9升等于79升，再根据粟与御米间的兑换比率，可知可兑换的御米量=79升×21÷50=33.18升=3斗3升1合8勺。

因此，7斗9升粟可换3斗3升1合8勺御米。

提示：

我们严格依照《孙子算经》记载的数据提供标准答案，致使以上几道题的答案形式不统一——有的用分数表示，精确到“升”，有的先求出小数，再折合成一更小级别的单位（比如“合”“勺”）所表示的数量。至于《孙子算经》为什么会用不同形式表示数据，我们猜测可能是出于训练人们灵活应用不同单位名称及数据形式的考虑吧。

※ 算题26　以粟易豆

难度等级：★☆☆☆☆　思维训练方向：计算思维

【原题】

今有粟三千九百九十九斛九斗六升，凡粟九斗易豆一斛。问计豆几何？（选自《孙子算经》11卷下）

【译文】

现有粟3999斛9斗6升，每9斗粟可换1斛豆。问可换多少豆？

【单位换算】

1 斛 =10 斗

1 斗 =1 升

【解答】

这道题其实也可以像前面几道算题一样通过比例换算求解，但是因为题干出现“凡粟九斗易豆一斛”这样特征突出的已知条件，我们可以把这道题当作求份数的一步除法题来计算。

根据称量单位间的换算关系 3999 斛 9 斗 6 升等于 39999.6 斗，39999.6 ÷ 9=4444.4 斛 =4444 斛 4 斗。

因此，3999 斛 9 斗 6 升粟可换 4444 斛 4 斗豆。

※ 算题 24~26　拓展

1. 以丝易缣

难度等级：★☆☆☆☆	思维训练方向：计算思维

【原题】

今有与人丝一十四斤，约得缣①一十斤。今与人四十五斤八两，问得缣几何？（选自《九章算术》）

【注释】

①缣（jiān）：细绢。

【译文】

给人 14 斤丝，约定换得缣 10 斤。现给人 45 斤 8 两丝，可换得多少缣？

【单位换算】

1 斤 =16 两

丝与缣的兑换比率是：

丝：缣 =14 ： 10

【解答】

根据称量单位间的换算关系，45 斤 8 两等于 45.5 斤，再根据丝与缣之间的兑换比率，可知可换得的缣数为：45.5 斤 ×10÷14=32.5 斤 =32 斤 8 两。

因此，45 斤 8 两丝可换得 32 斤 8 两缣。

※ 头脑风暴：做个智慧的经营者

1. 都是假钞惹的祸

难度等级：★★★★☆	思维训练方向：分析思维

顾客拿了一张百元钞票到商店买了 25 元的商品，老板由于手头没有零钱，便拿这张百元钞票到朋友那里换了 100 元零钱，并找了顾客 75 元零钱。

顾客拿着 25 元的商品和 75 元零钱走了。过了一会儿，朋友找到商店老板，说他刚才拿来换零钱的百元钞票是假钞。商店老板仔细一看，果然是假钞，只好又拿了一张真的百元钞票给朋友。

你知道，在整个过程中，商店老板一共损失了多少财物吗？

（注：商品以出售价格计算。）

2. 称油

难度等级：★★★★☆	思维训练方向：逻辑思维

有一个农夫用一个大桶装了12千克油到市场上去卖，恰巧市场上两个家庭主妇分别只带了能装5千克和9千克的两个小桶，但她们买走了6千克的油，其中拿着9千克桶的家庭主妇买了1千克，那个拿着5千克桶的主妇买了5千克，更为惊奇的是她们之间的交易没有使用任何计量的工具。你知道她们是怎么分的吗？

3. 卖米

难度等级：★★★★☆	思维训练方向：逻辑思维

有两个合伙卖米的商人，要把剩下的10千克米平分。他们手中没有秤，只有一个能装10千克米的袋子，一个能装7千克米的桶和一个能装3千克米的脸盆。请问：他们该怎么平分10千克米呢？

4. 卖果汁

难度等级：★★★☆☆	思维训练方向：逻辑思维

商店老板有一个圆柱状的果汁桶，容量是30升，他已经卖了8升给客人。

小华和小力是他的老顾客，今天也来买果汁。小华带来的瓶子的容量是4升的，小力的则是5升的。然而小华只想买3升的果汁，但今天商店老板的电子秤坏了，他应该怎么做才能使这两个老顾客得到各自想要的重量，而且又能使果汁不溢出容器？

第二节　创意理财

※ 算题 27　丝之斤息

难度等级：★☆☆☆☆　**思维训练方向：计算思维**

【原题】

今有贷与人丝五十七斤，限岁出息一十六斤。问斤息几何？（选自《孙子算经》14 卷下）

【译文】

借给别人 57 斤丝，要求每年交付 16 斤丝作为利息。问每斤丝的利息是多少？

【单位换算】

1 斤 =16 两

【解答】

根据称量单位间的换算关系 16 斤相当于 $16 \times 16=256$ 两，

$256 \div 57=4\dfrac{28}{57}$两。

因此，每斤丝的利息是 $4\dfrac{28}{57}$两。

※ 算题 27　拓展

1. 九日之息

难度等级：★★☆☆☆	思维训练方向：计算思维

【原题】

今有贷人千钱，月息三十。今有贷人七百五十钱，九日归之，问息几何？（选自《九章算术》）

【译文】

已知向人贷款 1000 钱，月息 30 钱。今向人贷款 750 钱，9 天归还，应付利息多少？

【解答】

我们默认一个月有 30 天，根据已知，所求利息为

（750 钱 ×30 钱 ×9 天）÷（1000 钱 ×30 天）$=6\frac{3}{4}$钱

因此，应付利息 $6\frac{3}{4}$钱。

2. 古董商的交易

难度等级：★★★☆☆	思维训练方向：分析思维

有一位古董商收购了两枚古钱币，后来又以每枚 60 元的价格出售了这两枚古钱币。其中的一枚赚了 20%，另一枚赔了 20%。请问：和他当初收购这两枚古钱币相比，这位古董商是赚是赔，还是持平?

解答这道题其实不需要进行具体运算，我们只要稍做分析、对数字大小进行比较即可得出答案。我们分别设这两枚古钱币的收购价为 A 和 B——赚了钱的收购价为 A，赔了钱的收购价为 B。则 $A<60<B$，赚了钱的钱币实际赚了 $20\%A$，赔了钱的钱币实际赔了 $20\%B$，因为 $A<B$，所以 $20\%A<20\%B$，所以赚的钱少于赔的钱。

因此，古董商赔了。

※ 头脑风暴：聪明人的账簿

1. 购物积分

难度等级：★★★★☆　思维训练方向：计算思维　分析思维

某商厦采用会员积分制度，会员顾客每个月在该商场消费 1000 元以上，便可以得到 10 分，如果消费少于 1000 元，便会被倒扣 5 分，一年累积 60 分或以上的顾客可在来年享受更多优惠。该商场的一位会员在 12 月份查询自己的积分情况，售货员告诉她，她只要在新年之前消费到 1000 元，便可在来年享受更多优惠，你能猜出这位会员此时的积分是多少吗？她前 11 个月的消费情况又是怎样的？

2. 获奖励的妙招

难度等级：★★★★☆　思维训练方向：创意思维

瑞芳在一家珠宝公司工作，由于她工作积极，所以公司决定奖励她一条金链。这条金链由 7 个环组成，但是公司规定，每周她只能领一环，而且切割费用由自己负责。

这让瑞芳感到为难，因为每切一个金环，就需要付一次昂贵的费用，再焊接起来还要一笔费用，想想真不划算。聪明的瑞芳想了一会儿之后，发现了一个不错的方法，她不必将金链分开成 7 个了，只需要从中取出一个金环，就可以每周都领一个金环，她是怎么做到的呢？

3. 难解的债务关系

难度等级：★★★★☆　思维训练方向：逻辑思维

甲、乙、丙、丁 4 人是好朋友。有一天，甲因为要办点事情，就向乙借了 10 元钱，乙正好也要花钱，就向丙借了 20 元钱，而丙自己的储蓄实际上也并不多，就向丁借了 30 元钱。而丁刚好在甲家附近买书，就去找甲借了 40 元钱。

恰巧有一天，4 人决定一起出去逛街，乘机也将欠款一一结清。请问：他们 4 人该怎么做才能动用最少的钱来解决问题呢？

第五章
图形王国乐无边

导语：

《孙子算经》几乎收录了各个层面的几何问题，从点到线、从线到面、从面到体——尽管当时古人解答这些题目只是希望数一数物品的个数、测一测土地的尺寸或者计算一下工程量的大小……今天，我们把古人编录的题目按照“一维空间”“二维空间”“三维空间”的框架整理出来，用以激发当代人的右脑能量，训练大家的观察力、形象思维能力、空间想象能力……你将会在游戏般的体验中开心畅游图形王国，再也不想离开……

第一节　一维空间——“线”

※ 算题 28　以索围方

难度等级：★☆☆☆☆　思维训练方向：图像思维

【原题】

今有索长五千七百九十四步。欲使作方[1]，问几何？（选自《孙子算经》16 卷中）

【注释】

①方：正方形。

【译文】

现有一条长 5794 步的绳索，若用它来围一个正方形，问这个正方形的边长是多少？

【单位换算】

1 步 =6 尺

【解答】

用绳索的长度 5794 步除以 4，等于 1448 步，余 2 步。根据长度单位间的换算关系，2 步乘以 6 等于 12 尺，12 尺除以 4 等于 3 尺。

因此，正方形的边长是 1448 步 3 尺。

※ 算题 29　绳测木长

难度等级：★★★☆☆　思维训练方向：图像思维

【原题】

今有木，不知长短。引绳[①]度之，余绳四尺五寸。屈绳[②]量之，不足一尺。问木长几何？（选自《孙子算经》18 卷下）

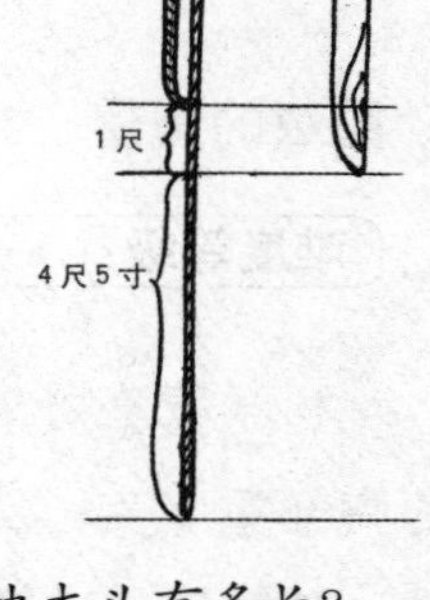

【注释】

①引绳：直绳。

②屈绳：对折后的绳子。

【译文】

现有一块木头，不知长短。用一条直绳量它，绳子比木头长 4 尺 5 寸。将绳子对折测量木头的长度，绳子比木头短 1 尺，问这块木头有多长？

【单位换算】

1 丈 =10 尺

1 尺 =10 寸

【解答】

可以先求出绳长：

用直绳超出木头的 4 尺 5 寸，加上绳子对折后不足的 1 尺，一共是 5 尺 5 寸。将此长度乘以 2，等于 1 丈 1 尺。

再求木长：

用 1 丈 1 尺（11 尺）减去 4 尺 5 寸，等于 6 尺 5 寸，即是木头的长度。

因此，这块木头长 6 尺 5 寸。

提示：

为什么这样计算？对照插图，认真观察木头与绳子间的长度关系，便立刻明白。

※ 算题 29　拓展

1. 昆虫的重量

难度等级：★★★☆☆　思维训练方向：图像思维

科学家在野外发现一种昆虫，这种昆虫的胸部重 1 克，头部的重量是胸与腹重量的和，腹重等于头和胸重量之和的一半。你能算出这种昆虫的体量吗？

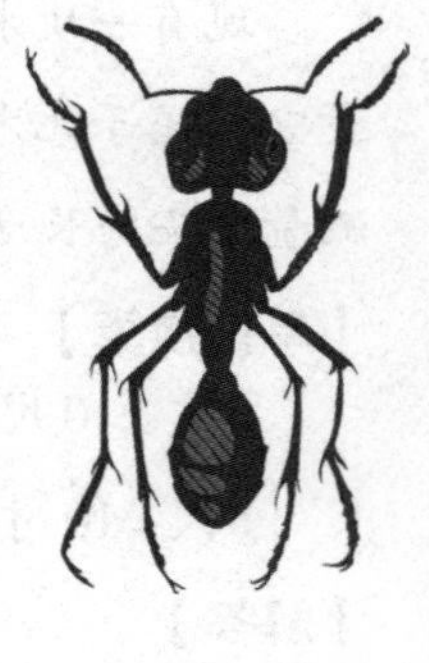

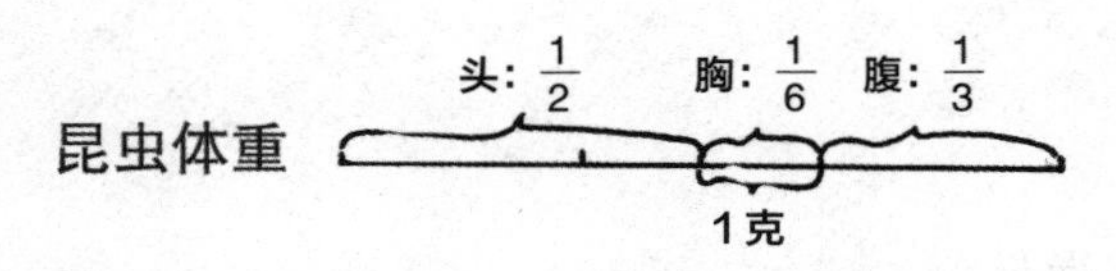

昆虫的体重是由头、胸、腹三部分的重量构成的，因为头部的重量是胸与腹重量的和，因此，你可以画一条线段并将它等分，前半部分表示头重，后半部分表示胸与腹的重量。又因为腹重等于头和胸重量之和的一半，因此，你可以再将这条线段分成三份，前两份代表头与胸的重量，后一份代表腹部的重量。由上，我们可以看出：昆虫头部的重量占全身重量的$\frac{1}{2}$，腹部的重量占全身重量的$\frac{1}{3}$，因此胸部的重量占全身重量的$1-(\frac{1}{2}+\frac{1}{3})=\frac{1}{6}$，因为胸部的重量已知，是1克，因此，这种昆虫的总重量是6克。

※ 算题30　度影测竿

难度等级：★★☆☆☆　思维训练方向：图像思维

【原题】

今有竿不知长短，度其影得一丈五尺。别立一表[①]，长一尺五寸，影得五寸。问竿长几何？（选自《孙子算经》25卷下）

竿

表

竿影

表影

【注释】

①表：直立于地面，用来测算物体高度的标杆。

【译文】

现有一根不知长短的竹竿，已知它的影子长1丈5尺。再竖起一块表，表长1尺5寸，表影长5寸。问竹竿的长度是多少？

【单位换算】

1丈=10尺

1尺=10寸

【解答】

因为是在同一时刻进行的测量，所以，

竿长：竿影长=表长：表影长

对于这道题目，

竿长：1 丈 5 尺 =1 尺 5 寸：5 寸

把长度单位统一换算成“尺”，则，

竿长：15 尺 =1.5 尺：0.5 尺

竿长 =15 尺 ×1.5 尺 ÷0.5 尺 =45 尺 =4 丈 5 尺

因此，这根竹竿长 4 丈 5 尺。

※ 算题 30　拓展

1. 胡夫金字塔有多高

难度等级：★★★☆☆　思维训练方向：图像思维

埃及金字塔是世界七大奇迹之一，其中最高的是胡夫金字塔，它的神秘和壮观倾倒了无数人。它的底边长 230.6 米，由 230 万块重达 2.5 吨的巨石堆砌而成。金字塔塔身是斜的，即使有人爬到塔顶上去，也无法测量其高度。后来有一个数学家解决了这个难题，你知道他是怎么做的吗?

挑一个好天气，从中午一直等到下午，当太阳的光线给每个人和金字塔投下阴影时，就开始行动。在测量者的影子和身高相等的时候，测量出金字塔阴影的长度，这就是金字塔的高度，因为测量者的影子和身高相等的时候，太阳光正好是以 45° 角射向地面。

※ 头脑风暴：延伸一维空间

1. 摆三角形

难度等级：★★★☆☆　思维训练方向：图像思维　创意思维

有3根木棒，分别长3厘米、5厘米、12厘米，在不折断任何一根木棒的情况下，你能够用这3根木棒摆成一个三角形吗？

3厘米

5厘米

12厘米

2. 巧摆木棍

难度等级：★★★★☆　思维训练方向：图像思维

有4根10厘米长的木棍和4根5厘米长的木棍，你能用它们摆成3个面积相等的正方形吗？

3．穿冰糖葫芦

难度等级：★★★★☆　思维训练方向：图像思维　创意思维

如图所示，一共有9颗冰糖葫芦，把3颗冰糖葫芦串成一串，可以串成8串。现在只需要移动2颗冰糖葫芦，就可以串成10串，但还是3颗冰糖葫芦串在一起。一共有几种串法？

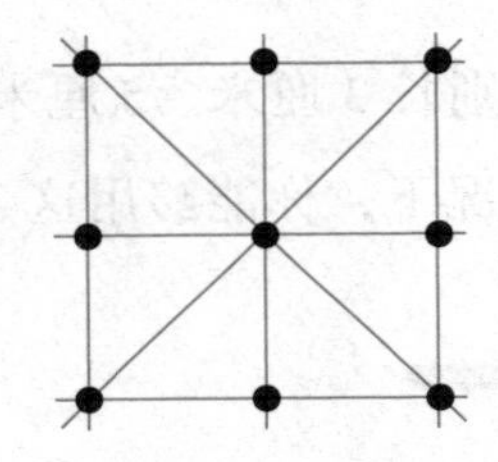

4. 大小圆环

难度等级：★★☆☆☆　思维训练方向：图像思维

半径4厘米的小圆环围绕半径6厘米的大圆环运动，大圆环是固定不动的，问小圆环围绕大圆环运行2周之后，小圆环绕自己的中心滚动了几周？

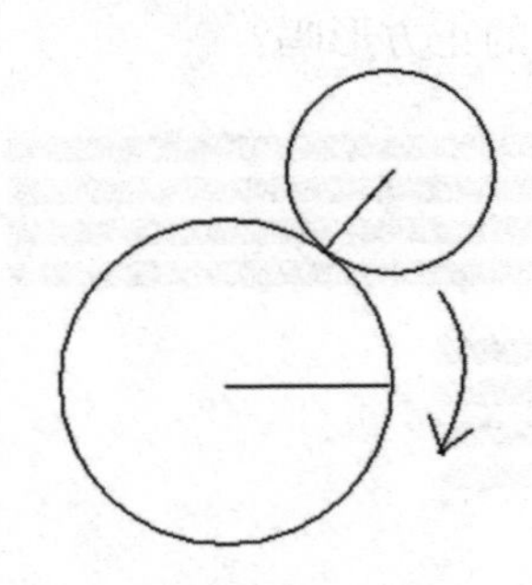

第二节　二维空间——“面”

※ 算题 31　一束方物

难度等级：★★★★☆　思维训练方向：观察思维　归纳思维

【原题】

今有方物一束，外周一匝有三十二枚。问积几何？（选自《孙子算经》24 卷下）

【译文】

现有（底面）为正方形的物品一束，最外一圈由 32 枚底面是正方形的小方物组成。问这一束方物的底面面积是多少（用小方物的枚数表示）？

【解答】

根据已知条件，你可以想象出，这束方物的底面是由若干个大小相等的小正方形组成的，并且这个底面自身也是正方形，因此，在每一条边上有相等数量的小正方形。根据已知，底面最外一圈有 32 枚方物，所以，每一条边上有（32+4）÷4=9 个小正方形。由此可以算出这个正方形底面应该由 9×9=81 枚方物组成。

《孙子算经》并没有采用这种惯常的解法，在认真观察每一匝方物数量关系的基础上，古人发现每一匝方物比内一匝多8个，用32减8得内一匝（倒数第二匝）方物数量，再减8得更内一匝（倒数第三匝）方物数量……如此递减直至中心位置的那1个方物，将每次相减所得结果相加，即可求出这一束方物的底面积：$32+(32-8)+(32-8\times2)+(32-8\times3)+1=81$

因此，这束方物的底面是由81枚小方物构成的。

※ 算题31　拓展

1. 足球的外衣

难度等级：★★★★★　思维训练方向：观察思维　图形思维　归纳思维

一个标准足球通常是由12块正五边形的黑皮子和若干块正六边形的白皮子拼接而成的。你能够计算出白皮子的块数吗？

首先，观察一个足球上的黑皮子，你会发现任何一块黑皮子的任何一条边都与白皮子拼接在一起，而且不同的边拼接着不同的白皮子。12块正五边形的黑皮子有60条边，因此，在一个足球上就有60条黑白相接的边。

再观察正六边形的白皮子，白皮子是正六边形，任何一块白皮子的6条边中，都有3条与黑色皮子拼接，3条与其他白色皮子拼接。现在总共有60条黑白相接的边，因此，一个足球上白皮子的数量是：$60\div3=20$块。

2. 要多少块地板砖

难度等级：★★★★☆ 思维训练方向：观察思维　归纳思维

如图所示，用 41 块咖啡色和白色相间的地板砖可摆成对角线各为 9 块地板砖的图形。如果要摆成一个类似的图形，使对角线有 19 块地板砖，总共需要多少块地板砖？

可以先试某些小一点的数目。比如这样的图形当对角线是 3 块的时候，一共需要 5 块地板砖；如果对角线是 5 块的时候需要 13 块；对角线是 7 块的时候需要 25 块；对角线是 9 块的时候需要 41 块……上列数目依次是 5、13、25、41……考虑一下每一次增加了多少块，找到什么样的规律，然后用笔简单地排出一个数列，就可以知道对角线是 19 块的时候需要 181 块地板砖。

因此，铺这块地一共需要 181 块地板砖。

※ 算题 32　砖砌屋基——长方形的面积

难度等级：★★☆☆☆ 思维训练方向：图像思维

【原题】

今有屋基南北三丈，东西六丈，欲以砖砌之。凡积二尺，用砖五枚。问计几何？（选自《孙子算经》9 卷中）

【译文】

现有一间房屋，它的地基南北宽 3 丈，东西长 6 丈，打算用砖砌此地基。每2平方尺的面积上，用5枚砖。问一共需用砖多少枚？

【单位换算】

1丈=10尺

【解答】

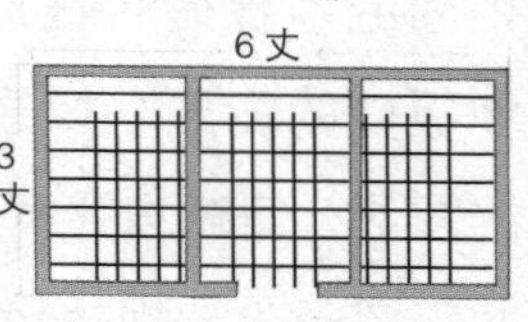

用屋基的南北宽度乘以东西长度：30尺 ×60尺 =1800平方尺，房屋地基面积是1800平方尺。因为每2平方尺用5枚砖，因此，用1800平方尺先乘以5再除以2，便可以求出一共需要用多少块砖：1800 × 5 ÷ 2=4500枚。

因此，一共需要4500枚砖。

※ 算题33　桑生方田中——正方形的面积

难度等级：★★☆☆☆　**思维训练方向：图像思维**

【原题】

今有方田，桑①生中央。从角至桑一百四十七步。问为田几何？（选自《孙子算经》14卷中）

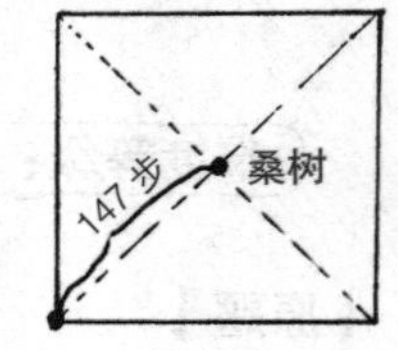

【注释】

①桑：（一棵）桑树。

【译文】

现有一块正方形田地，一棵桑树长在此田正中央。从田地一角到桑树有147步。问这块田的面积是多少？

【单位换算】

1 顷 =100 亩

1 亩 =240 平方步

【解答】

这道题实际上是已知正方形对角线长度，求正方形面积。在求解过程中需求算出正方形边长作为中转条件。今天我们已经非常清楚地知道正方形对角线与边长之间的长度比是 $\sqrt{2}$ ：1，但是《孙子算经》成书时代的古人却只大略地知道此二者间的换算关系。在《孙子算经》卷上 4 中，有这样的记录："见邪求方，五之，七而一"，也就是说正方形边长与对角线的长度比是 5 ：7，已知对角线长度求边长时，用对角线长度乘以 5 再除以 7。虽然古人的认识不是非常精确，但是，他们能够主动探寻此二者间的长度关系，并把认识的结果固定下来作为方法性的计算指导，已经非常了不起了。

这道题目的已知条件只有一个——"田地一角到桑树的距离是 147 步"，147 步其实只是方田对角线长度的一半，用 147×2=295 步，便求出了整条对角线的长度。根据《孙子算经》里正方形对角线与边长之间的换算方法：用 295 乘以 5 再除以 7，便求出了方田的边长，是 210 步。210 步自相乘得 44100 平方步，便求出了这块方田的面积。最后，我们将这一结果换算成以"顷"和"亩"做单位的数量：

44100 平方步 ÷240 ＝ 1 顷 83 亩 180 平方步

因此，这块田的面积是 1 顷 83 亩 180 平方步。

※ 算题 34　3 种方法求圆的面积

难度等级：★★★★☆　**思维训练方向：图像思维　发散思维**

【原题】

今有圆田周[①]三百步，径[②]一百步。问得田几何？（选自《孙子算经》13 卷中）

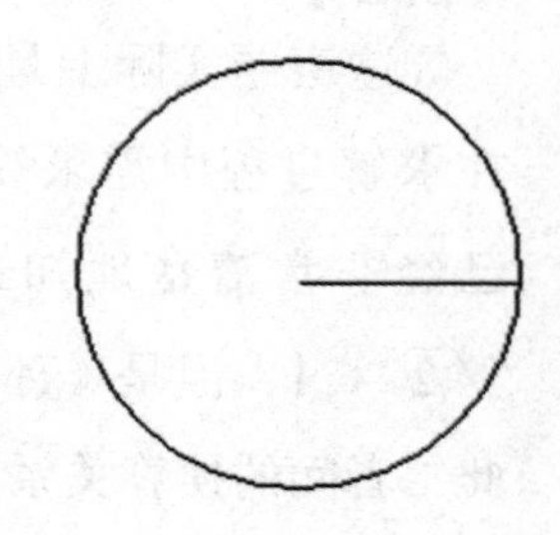

【注释】

①周：在古文中通常指圆或球的周长。

②径：在古文中通常指圆或球的直径。

【译文】

今有圆田周长 300 步，直径 100 步。问圆田的面积是多少？

【单位换算】

1 亩 =240 平方步

【解答】

《孙子算经》成书之时，人们虽然还不能将 π 精确到小数点之后的数位，但对于圆的直径、周长、面积间的计算关系已经认识得非常深入了。已知圆的直径，他们可以用多种方法求圆的面积：

方法 1：圆面积 = 周长的一半 × 半径

对于本题，

周长的一半是 300 ÷ 2=150 步

半径的长度是 100 ÷ 2=50 步

因此，圆面积 =150 × 50=7500 平方步

方法 2：圆面积 = 周长 × 周长 ÷ 12

对于本题，

圆面积 =300 × 300 ÷ 12=7500 平方步

方法 3：圆面积 = 直径 × 直径 × $\frac{3}{4}$

对于本题，

圆面积 =100 × 100 × $\frac{3}{4}$ =7500 平方步

7500 平方步 ÷240=31 亩余 60 平方步

因此，这块圆田的面积是 31 亩余 60 平方步。

提示：

你通常怎样求圆的面积？想想上述三种方法的依据是什么。

※ 头脑风暴：延展二维空间

1. 扩大水池的方法

难度等级：★★★☆☆ 思维训练方向：图像思维 创意思维

下图中有一个正方形水池，水池的 4 个角上栽着 4 棵树。现在要把水池扩大，使它的面积增加一倍，但要求仍然保持正方形，而且不移动树的位置。你有什么好办法吗？

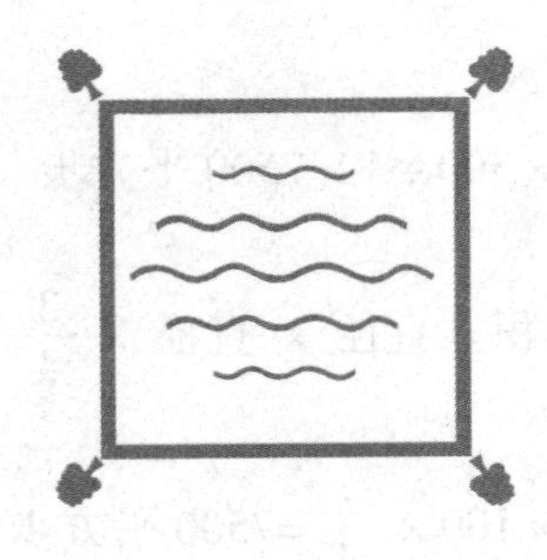

2. 逃跑的小正方形

难度等级：★★★★☆　思维训练方向：图像思维

美国的一个魔术师发现这样一个奇怪的现象：一个正方形被分割成几小块后，重新组合成一个同样大小的正方形时，它的中间却有个洞！

他把一张方格纸贴在纸板上，按图 1 画上正方形，然后沿图示的直线切成 5 小块。当他照图 2 的样子把这些小块拼成正方形的时候，中间真的出现了一个洞！

图 1 的正方形是由 49 个小正方形组成的，图 2 的正方形却只有 48 个小正方形。究竟出了什么问题？那个小正方形到底到哪儿去了？

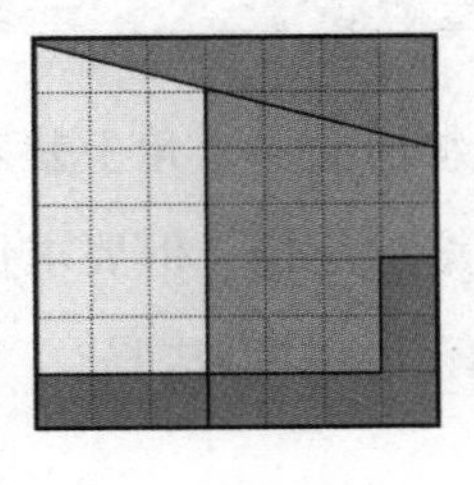

图 1

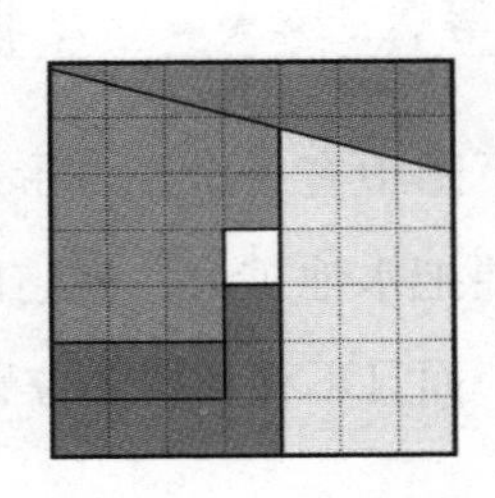

图 2

3. 分割三角形

难度等级：★★★★☆	思维训练方向：图像思维　创意思维

用两根火柴将 9 根火柴所组成的正三角形分为两部分。请问①和②两个图形哪一个面积比较大？

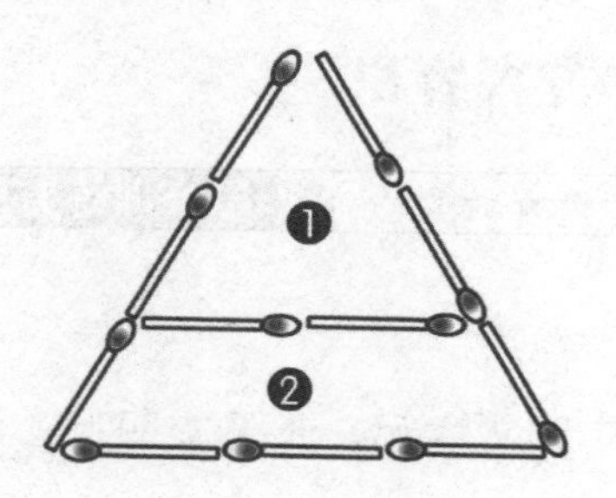

4. 一个比四个

难度等级：★★★☆☆	思维训练方向：图像思维

有两个一样大的正方形，一个正方形内有一个内切圆，另一个正方形分成了 4 个完全相同的小正方形，每个小正方形内有一个内切小圆。请问：4 个小圆的面积之和与大圆的面积哪个大？

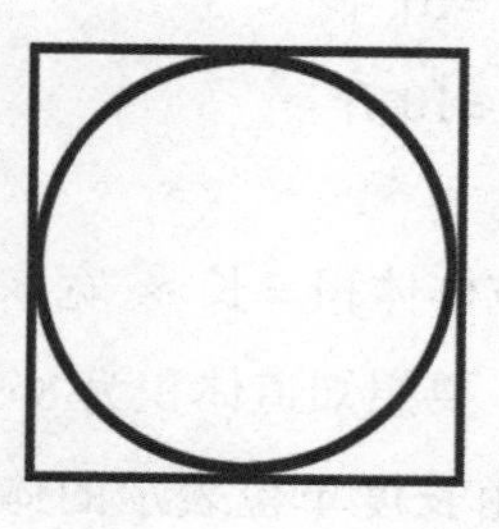

第三节　三维空间——“体”

※ 算题 35　方窖容积

难度等级：★★☆☆☆　思维训练方向：空间思维

【原题】

今有方窖广四丈六尺，长五丈四尺，深三丈五尺。问受粟几何？（选自《孙子算经》11 卷中）

【译文】

今有一口长方体地窖，宽 4 丈 6 尺，长 5 丈 4 尺，深 3 丈 5 尺。问可以盛放多少粟？

【单位换算】

1 丈 =10 尺

1 尺 =10 寸

1 寸 =10 分

1 斛 =10 斗

1 斗 =10 升

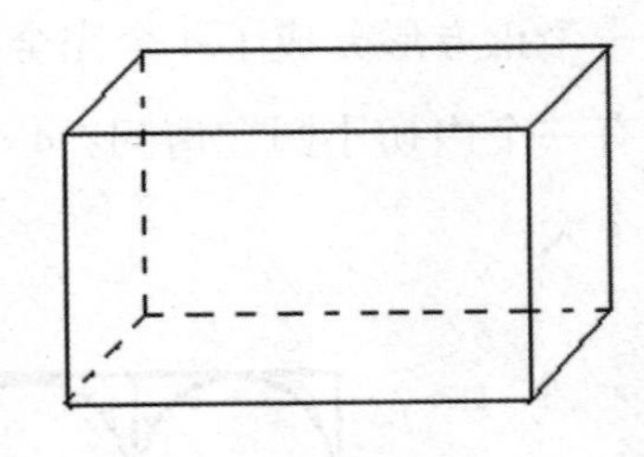

【解答】

长方体体积 = 长 × 宽 × 深 =46 尺 ×54 尺 ×35 尺 =86940 立方尺，要想知道体积为 86940 立方尺的方窖能装多少粮食，需要将由长度单位表示的体积量转换为由容积单位表示的体

积量，这两种度量单位间的转换关系是 1 斛 =1 尺 6 寸 2 分，

86940 立方尺 ÷1 尺 6 寸 2 分 =53666 斛 6 斗 6 $\frac{2}{3}$升

因此，这口方窖可以盛放 53666 斛 6 斗 6 $\frac{2}{3}$升粟。

提示：

你是不是已经被上面烦琐的单位名称和复杂的数据形式弄晕了？不要烦躁，不要被这些内容阻碍了思维。其实，针对这道题目，只要你知道长方体的容积计算法就可以了。

※ 算题 36　圆窖容积

难度等级：★★☆☆☆　**思维训练方向：空间思维**

【原题】

今有圆窖下周二百八十六尺，深三丈六尺。问受粟几何？

（选自《孙子算经》10 卷中）

【译文】

现有圆柱体地窖底面周长 286 尺，深 3 丈 6 尺。问这个可以容纳多少粟？

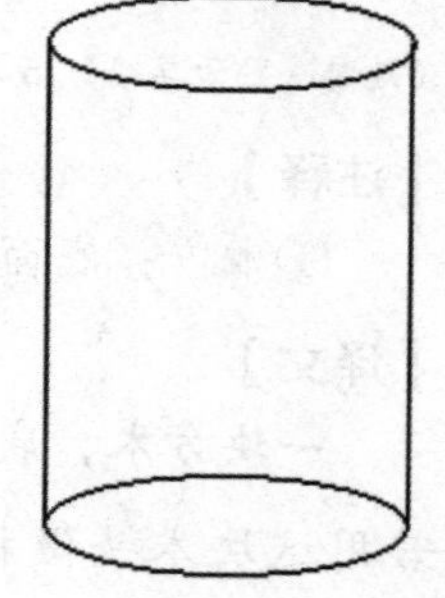

【单位换算】

1 斛 =10 斗

1 斗 =10 升

【解答】

圆窖体积 = 底面积 × 高

首先，求圆窖的底面积，用“圆面积 = 周长 × 周长 ÷ 12”这个公式：

$286 \times 286 \div 12$

不用着急求结果，为了便于约分，再直接乘以圆窖的深 36 尺：

$286 \times 286 \div 12 \times 36=245388$ 立方尺

要想知道体积为 245388 立方尺的圆窖能装多少粮食，需要将由长度单位表示的体积量转换为由容积单位表示的体积量：

245388 立方尺 ÷1 尺 6 寸 2 分 =151474 斛 $7\frac{11}{27}$升

因此，这口圆窖可以盛放 151474 斛 $7\frac{11}{27}$升粟。

※ 算题 37　方木做枕

难度等级：★★☆☆☆　思维训练方向：空间思维

【原题】

今有木方①三尺，高三尺。欲方五寸作枕一枚，问得几何？

（选自《孙子算经》15 卷中）

【注释】

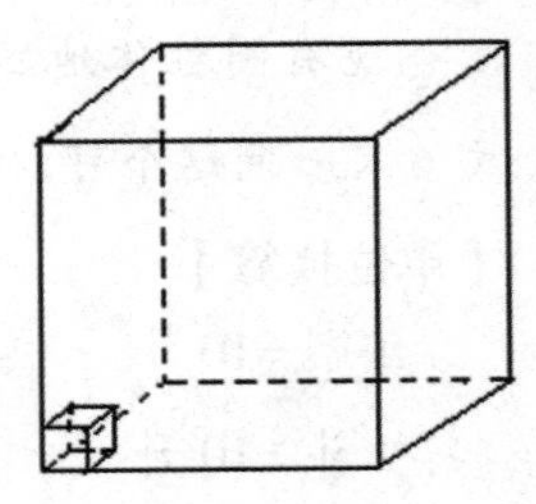

①木方：底面是正方形的木块。

【译文】

一块方木，底面边长 3 尺，高 3 尺。若用这块木头做棱长为 5 寸的立方体木枕，问可以做多少枚？

【单位换算】

1 尺 =10 寸

【解答】

正方体体积 = 棱长 ^{3}

首先，计算方木的体积：棱长 3 尺乘三次方，等于 27 立方尺。

接下来，计算每块木枕的体积：棱长 0.5 尺乘三次方，等于 0.125 立方尺。

最后，计算这块方木可以做多少块方枕：27 ÷ 0.125=216 枚

因此，这块木头可以做 216 枚方枕。

※ 算题 38　方沟体积

难度等级：★★☆☆☆　思维训练方向：空间思维

【原题】

今有沟广十丈，深五丈，长二十丈。欲以千尺作一方，问得几何？（选自《孙子算经》18 卷中）

【译文】

现有一沟，宽 10 丈，深 5 丈，长 20 丈。若以 1 立方千尺做单位，此沟有多少个这样的单位？

【单位换算】

1 丈 =10 尺

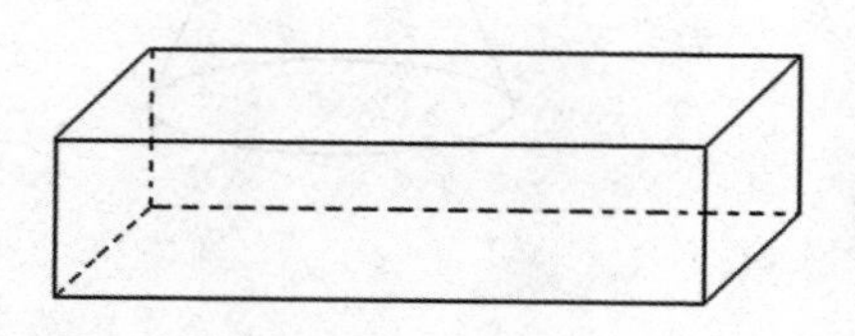

【解答】

方沟体积 = 宽 × 深 × 长

先求这个沟的体积：100 尺 ×50 尺 ×200 尺 =1000000 立方尺。

再求此沟一共包含多少个 1 立方千尺：

因为，1 立方千尺 =1000 立方尺，所以

1000000 立方尺 ÷1000 立方尺 =1000

即这个沟一共有 1000 个这样的单位。

※ 算题 39　粟堆的体积

难度等级：★★☆☆☆　思维训练方向：空间思维

【原题】

今有平地聚粟，下周三丈六尺，高四尺五寸。问粟几何？

（选自《孙子算经》3 卷下）

【译文】

在一块平地上堆粟，粟堆底面周长 3 丈 6 尺，高 4 丈 5 尺。问这个粟堆有多少粟？

【单位换算】

1 丈 =10 尺

1 尺 =10 寸

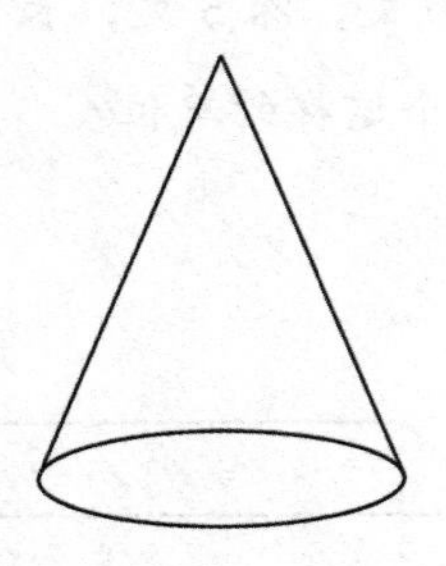

【解答】

平地上的粟堆近似于圆锥体，圆锥体体积 = $\frac{1}{3}$圆锥底面积 × 高。

首先计算圆锥的底面积，利用“圆面积 = 周长 × 周长 ÷ 12”这个公式：

36 尺 ×36 尺 ÷12=108 尺

再计算圆锥的体积：

$\frac{1}{3}$ ×108 平方尺 ×45 尺 =1620 立方尺

最后用将 1620 立方尺转换成容积单位：

1620 立方尺 ÷1 尺 6 寸 2 分 =100 斛

因此，这个粟堆有 100 斛粟。

※ 算题 40　河堤的体积

难度等级：★★☆☆☆　思维训练方向：空间思维

【原题】

今有堤，下广五丈，上广三丈，高二丈，长六十尺。欲以一千尺作一方，问计几何？（选自《孙子算经》17 卷中）

【译文】

有一座纵截面是梯形的河堤，下底长 5 丈，上底长 3 丈，高 2 丈，河堤长 60 尺。若以 1000 立方尺为一单位，问这座堤包含多少个这样的单位？

【单位换算】

1 丈 =10 尺

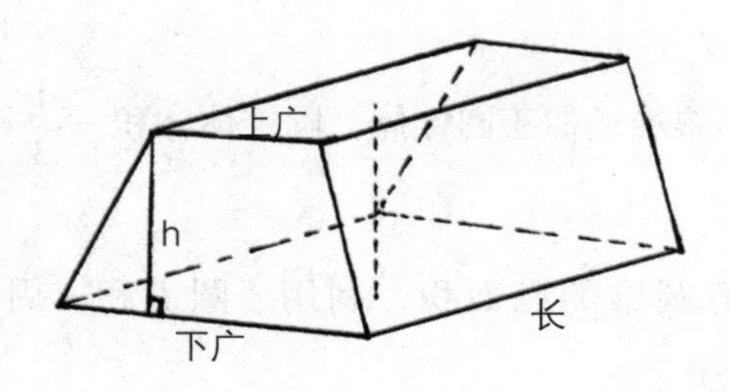

【解答】

解答这道题之前，我们首先需要想清楚这个河堤的空间图形到底是什么样的。它其实是一个以梯形做底的棱柱，只不过现在这个棱柱平躺了下来，底面变成了纵截面——一个梯形的垂直于地面的截面。因此，河堤的高也就相当于梯形的高，而棱柱的高此时变成了题干中所说的河堤的“长”。弄清形体之后，我们依然可以用计算棱柱体积的方法计算这座河堤的体积。

先来计算这座河堤纵截面的面积，因为它是梯形的，因此：

纵截面的面积 = $\frac{1}{2}$（上底 + 下底）× 高，带入数据计算：

$\frac{1}{2}$ ×（30+50）× 20=800 平方尺

再求河堤的体积，因为河堤的长与河堤纵截面垂直，因此，用纵截面面积

800 × 60=48000 立方尺

乘以河堤的长，即可求出河堤的体积：

最后，用 48000 立方尺除以 1000 立方尺，等于 48。

因此，这座河堤包含 48 个立方千尺。

※ 算题 41　商功——筑城

难度等级：★★☆☆☆　思维训练方向：空间思维

【原题】

今有筑城，上广二丈，下广五丈四尺，高三丈八尺，长五千五百五十尺。秋程人功①三百尺。问须功几何？（选自《孙子算经》22 卷中）

【注释】

①程人功：秋季每人的工程量。

【译文】

现筑造侧面是梯形的城墙，上底长 2 丈，下底长 5 丈 4 尺，高 3 丈 8 尺，城墙长 5550 尺。秋季所规定的人均工程量是 300 立方尺。问建造此墙需要多少个这样的人均工程量。

【单位换算】

1 丈 =10 尺

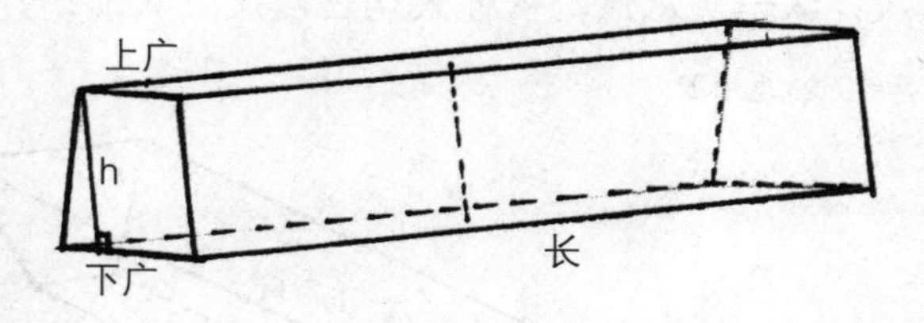

【解答】

这座城墙的形体特征与上题的河堤基本相同，只是更长一些。

首先，计算城墙侧面面积，因为它是一个梯形，根据梯形面积计算公式便可以求出：

$\frac{1}{2}\times(20+54)\times38=1406$ 平方尺

再计算城墙的体积，因为城墙的长与城墙侧面垂直，因此可以用侧面面积乘以城墙长求出城墙的体积：

$1406\times5550=7803300$ 立方尺

最后，计算筑城所需要的工程单位总数。用城墙体积除以秋季人均工程量，便可以求出筑造城墙所需的工程单位总数：

$7803300\div300=26011$ 个

因此，建造此墙需要 26011 个人均工程量。

※ 算题 42　商功——穿渠

难度等级：★★☆☆☆　思维训练方向：空间思维

【原题】

今有穿[①]渠，长二十九里一百四步，上广一丈二尺六寸，下广八尺，深一丈八尺。秋程人功三百尺。问须功几何？（选自《孙子算经》23 卷中）

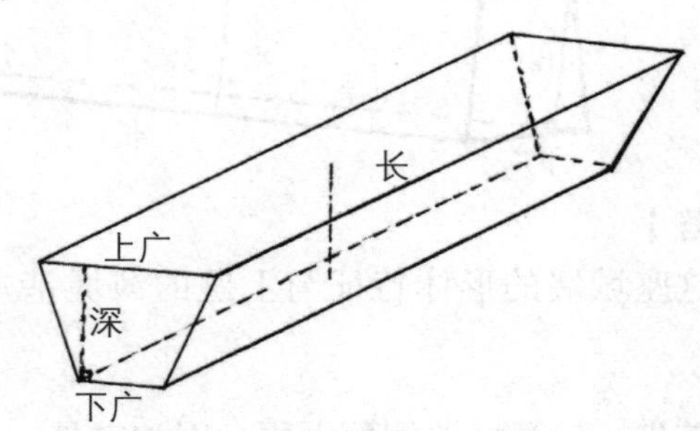

【注释】

①穿：挖。

【译文】

今挖纵截面是梯形的一条渠，渠长 29 里 104 步，上底长 1 丈 2 尺 6 寸，下底长 8 尺，渠深 1 丈 8 尺。秋季所规定的人均工程量是 300 立方尺。问挖通此渠需要多少这样的个人均工程量？

【单位换算】

1 里 =300 步

1 步 =6 尺

1 丈 =10 尺

1 尺 =10 寸

【解答】

这条渠的形体就是前两题的河堤和城墙上下倒置后的样子。根据长度单位间的换算关系：

29 里 =29×300=8700 步

8700+104=8840 步

8804 步 =8804×6=52824 尺

先计算这条渠纵截面的面积，根据梯形面积公式即可求出：

12×（12.6+8）×18=185.4 平方尺

再计算渠道的体积，因为渠长与渠道纵截面垂直，因此可将此二者相乘，乘积即是渠道的体积：

185.4×52824=9793569.6 立方尺

最后，计算挖掘这条渠所需要的工程单位总数。用渠道体积除以人均工程量：9793569.6 立方尺 ÷300 立方尺 =32645 个……96.6 立方尺

因此，挖通此渠需要 32646 个人均工程量。

※ 算题 42　拓展

1. 挖池子

难度等级：★★★☆☆	思维训练方向：分析思维　计算思维

如果挖 1 米长、1 米宽、1 米深的池子需要 12 个人干 2 小时。那么 6 个人挖一个长、宽、深是它两倍的池子需要多少时间？

这个池子的容积是第一个池子的 8 倍，12 个人来挖需要的时间是原来的 8 倍，6 个人来挖就需要原来的 16 倍。

因此，需要 32 小时。

2. 生产飞机模型

难度等级：★★★☆☆	思维训练方向：分析思维　计算思维

一家工厂 4 名工人每天工作 4 小时，每 4 天可以生产 4 架模型飞机，那么 8 名工人每天工作 8 小时，8 天能生产几架模型飞机呢？

可以这样计算：4 人工作 4×4 小时生产 4 架模型飞机，所以，1 人工作 4×4 小时生产 1 架模型飞机，这样每人工作 1 小时就

生产 $\frac{1}{16}$ 架模型飞机。

8 人每天工作 8 小时，一共工作 8 天，生产的模型飞机数目就是 $8 \times 8 \times 8 \times \frac{1}{16}=32$ 架。

因此，正确的答案是 32 架。

想一想，可不可以不求每个工人一小时的工作量而直接得出正确答案？

3. 鸡生蛋

难度等级：★★★★☆ 思维训练方向：分析思维 数字思维

5 只鸡 5 天一共生 5 个蛋，50 天内需要 50 个蛋，需要多少只鸡？

仍然仅需 5 只鸡。

※ 头脑风暴：扩充三维空间

1. 立方体的颜色

难度等级：★★★☆☆ 思维训练方向：空间思维

有一个立方体（如下图），所有的面都是棕色。请问：有几个小立方体一面是棕色？有几个小立方体两面是棕色？有几个小立方体三面是棕色？有几个小立方体四面是棕色？有几个立方体所有的面都没有棕色？

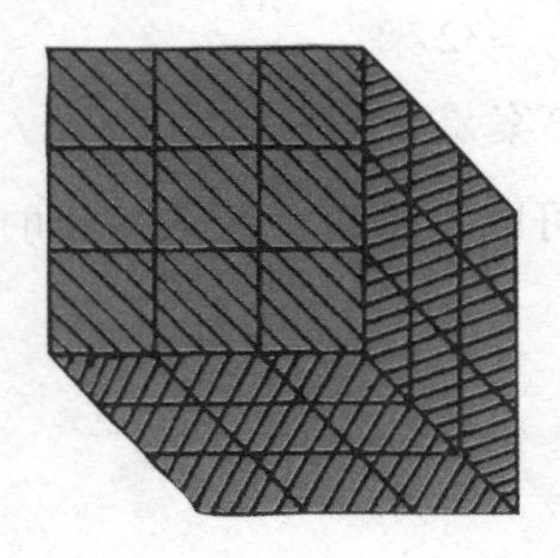

2. 巧量对角线

难度等级：★★★★☆ 思维训练方向：空间思维　创意思维

一块砖（如图），你能用一根米尺量出对角线 AB 的长度吗？

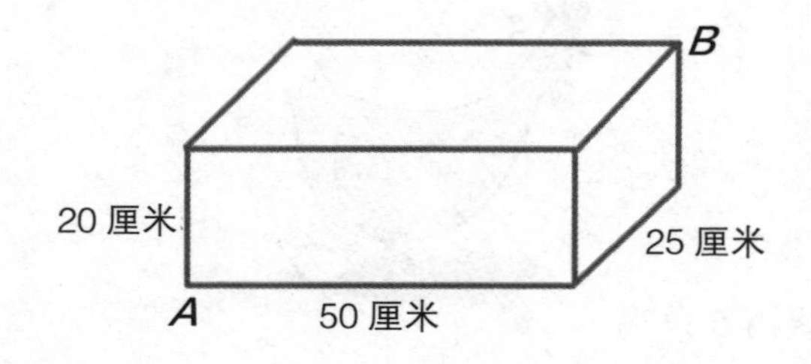

3. 切掉角的立方体

难度等级：★★★★☆ 思维训练方向：空间思维

一个正立方体，如图切去一个面的四个角。现在这个立方体有多少个角？多少个面？多少条棱？

4. 找相同的空间体

难度等级：★★★★★ 思维训练方向：空间思维

请在下列 4 个图形中找出一个与左图相符（旋转一定角度或方向）的图形。

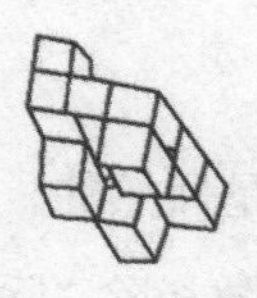

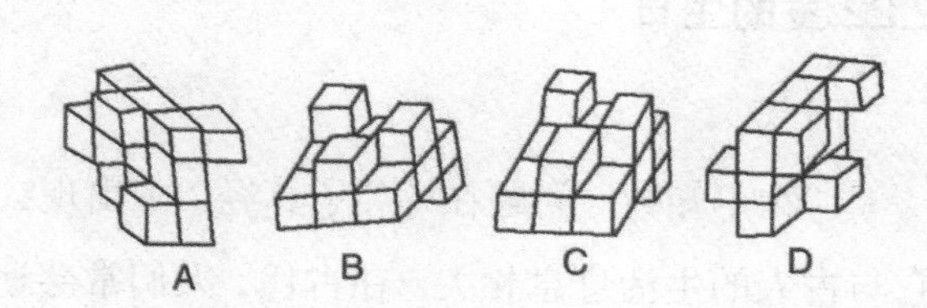

附录　头脑风暴答案

第一章　千古名题抢先看

第二节　物不知数

1. 数橘树

2101 棵。

有了上面一道题目做铺垫，你应该能够很快算出答案。首先，计算 2、3、5、7 的最小公倍数，$2\times3\times5\times7=210$，因为橘园里有大约 2000 棵橘树，因此，$210\times10=2100$。又因为无论怎样数总是剩余 1 棵，所以，$2100+1=2101$ 棵。

2.22 岁的生日

周六。

“物不知数”问题在《孙子算经》中出现，并不是偶然的，它与古人的生活息息相关。在古代，人们常会遇到两数相除“除不尽”的问题，而这种问题最常出现在历法计算的过程中，如计算年岁和日期。这类问题我们今天依然会遇到。

1978 年出生，22 岁时应该是 2000 年。这 22 年中有 5 个闰年，即 1980 年、1984 年、1988 年、1992 年、1996 年。因为一年通常是 365 天，所以这 22 年间一共有 $365 \times 22+5=8035$ 天。因为一周有 7 天，所以 $8035 \div 7=1147$ 周……6 天。因为出生那天是星期日，所以，22 岁生日那天应该是星期六。

3. 奇怪的三位数

504。

你有没有受到惯性思维的影响，打算还用“物不知数”的方法解答这道题目？其实，这道题目是在故意用“看似除不尽”的假象考验你。一个数减去 7 刚好被 7 除尽，那它不就是能被 7 整除嘛；一个数减去 8 刚好能被 8 除尽，那它不也就是能被 8 整除嘛；一个数减去 9 能被 9 整除，依然同理，它必须得是 9 的整数倍。所以，若想求能同时被 7、8、9 整除的数，只要求这三个数的公倍数就可以了。

对于这道题目，我们只要求出最小公倍数即可。所以 $7 \times 8 \times 9=504$。

第五节　三女归宁

1. 小猫跑了多远

5000 米。

小猫的奔跑速度是不变的，只需要知道小猫跑了多长时间，就可以用“速度 × 时间”计算出它的奔跑路程。

同同追上苏苏用了 10 分钟，因此，小猫一共跑了

$500 \times 10=5000$ 米。

2. 兔子追不上乌龟

乌龟说的不对。

乌龟只看到了速度和距离，却没考虑时间。事实上，兔子只要用$\frac{10}{9}$秒的时间就能与乌龟相遇，然后，兔子就跑到乌龟的前面去了。

3. 比较船速

不相等。

你可以带个数检验一下：假设船在静水中的航行速度是每小时 16 千米，水流的速度是每小时 4 千米，行船距离 40 千米。则，船在静水中的行驶时间是：

$40 \times 2 \div 16=5$ 小时

而船逆流而上然后顺流而下所使用的时间：

$40 \div (16-4)+40 \div (16+4) \approx 3.3+2=5.3$ 小时

因此，船在固定水域逆流而上然后顺流而下所使用的时间与它在静水中行驶一个来回的时间不相等。

4. 骑马比赛

可以让两个赛手的马交换，这样，两个赛手都想使自己骑着的对方的马跑得快点。把“比慢”变成“比快”，所以比赛很快就结束了。

第二章　数字魔方转转转

第二节　能量巨大的乘方运算

1. 巧算平方数

诚诚的窍门其实很简单，个位数是 5 的两位数平方运算非常有规律。首先，用十位上的数字乘以比这个数大 1 的数，然后再在乘积的后两位一律写上 25，就肯定没错了。比如 85×85，首先用十位上的 8 乘以比它大 1 的 9，8×9 等于 72，然后在 72 后面写上 25，即 85×85=7225。较小一点的数 25 也一样，首先，2×3 等于 6，再写上 25，则 625 就是 25×25 的积了。

2. 共有多少蜜蜂

14641 只。

第一次搬兵：1+10=11 只

第二次搬兵：11+11×10=11×11=121 只

第三次搬兵：……

一共搬了四次兵，蜜蜂总数是：11×11×11×11=14641 只。

3. 让错误的等式变正确

有两种方法：

方法（1）把 62 移动成 2 的 6 次方：$2^6-63=1$。

方法（2）把后面等于号上的“—”移动到前面的减号上：62=63−1。

4. 设计尺子

只用 0、1、4、6 四个刻度。

如下图：

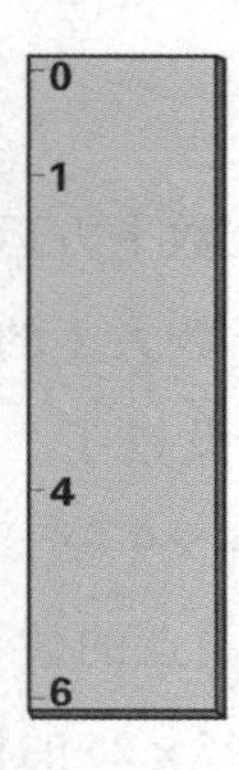

5. 万能的 2^n

试一试你就会发现，1、2、4、8、16、32、64、128 的确能够组成 1 ~ 255 之间的任何数。这八个数都是 2 的整数次幂，也就是 2^n（n 依次取 0、1、2、3、4、5、6、7），并且它们的和是 255。

6. 第 55 天的花圃

第 55 天时花圃被覆盖了一半。

这道题看似和 2 的乘方计算相关，但是如果你希望通过计算 2^{55} 求出答案，你恐怕要徒劳了。其实只需要思考清楚第 55 天和第 56 天之间的数量关系问题便能迎刃而解：根据已知，第 56 天爬山虎盖满整个花圃，而前一天（也就是第 55 天）的覆盖面积是它的$\frac{1}{2}$，因此，第 55 天时，花圃被覆盖了一半。

第三章　分配魔棒轻巧点

第一节　均分

1. 鸭梨怎么分

鸭梨是这样分的：先把 3 个鸭梨各切成 2 半，把这 6 个半块分给每人 1 块。

另两个鸭梨每个切成 3 等块，这 6 个$\frac{1}{3}$块也分给每人 1 块。于是，每个人都得到了一个半块和一个$\frac{1}{3}$块，也就是说，6 个人都平均分配到了鸭梨，而且每个鸭梨都没有被切得多于 3 块。

2. 果汁的分法

把 4 个半杯的果汁倒成 2 杯满果汁，这样，满杯的果汁有 9 个，半杯的有 3 个，空杯子有 9 个，3 个人就容易平分了。

3. 老财主的难题

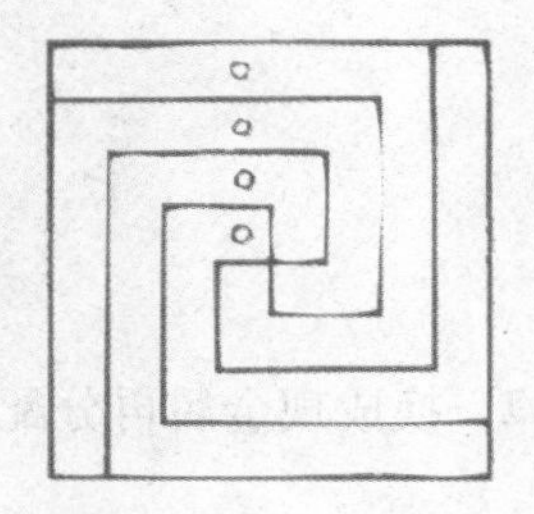

4. 每家一口池塘

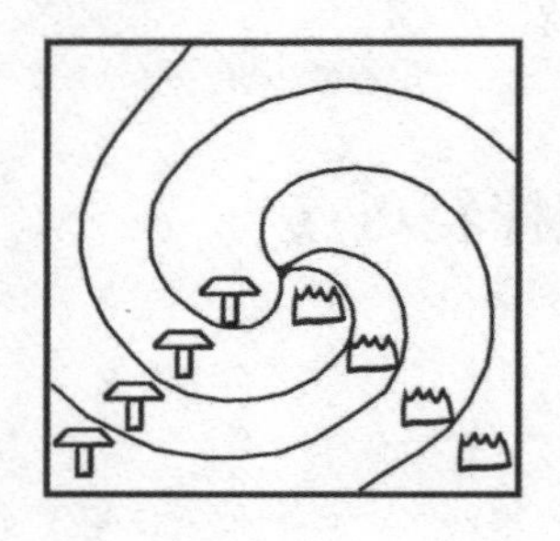

第二节　衰分

1. 遗产该怎么分

那位寡妇应分得 1000 元，儿子分得 2000 元，女儿分得 500 元。

这样分配，法律就完全得到履行了，因为寡妇所得恰是儿子的一半，又是女儿的两倍。

2. 遗书分牛

农夫留下 15 头牛。

妻子分 8 头。

长子分 4 头。

次子分 2 头。

幼子分 1 头。

3. 巧妙分马

解决的办法当然不是把 23 匹马卖掉，换成现金后再分配。

而是，假设还有 24 匹马。在这 24 匹马中，长子得到$\frac{1}{2}$，即 12 匹马；次子得到$\frac{1}{3}$，即 8 匹马；幼子得到$\frac{1}{8}$，即 3 匹马。不偏不倚，按照遗嘱分完后，三人分到的马加起来正好是 23 匹。

如果拘泥于“遗产全部瓜分”的思维方式，这道题就解不出来了。

第四章 “商务通”，脑中安

第一节 公平交易

1. 都是假钞惹的祸

损失了 100 元。

老板与朋友换钱时，用 100 元假币换了 100 元真币，此过程中，老板没有损失，而朋友亏损了 100 元。

老板与持假钞者在交易时：100 元＝ 75 元＋ 25 元的货物，其中 100 元为兑换后的真币，所以这个过程中老板没有损失。

朋友发现兑换的为假币后找老板退回时，用自己手中的 100 元假币换回了 100 元真币，这个过程老板亏损了 100 元。

所以，整个过程中，商店老板损失了 100 元。

2. 称油

首先用 5 千克的桶量出 5 千克油并倒入 9 千克的桶中，再从大桶里倒出 5 千克油到 5 千克的桶里，然后用 5 千克桶里的油将 9 千克的桶灌满。现在，大桶里有 2 千克油，9 千克的桶已装满，5 千克的桶里有 1 千克油。

再将 9 千克桶里的油全部倒回大桶里，大桶里有 11 千克油。把 5 千克桶里的 1 千克油倒进 9 千克桶里，这样，拿 9 千克桶的主妇便买到了 1 千克油；再从大桶里倒出 5 千克油装满 5 千克的桶，这样，拿 5 千克桶的主妇便买到了 5 千克油。

3. 卖米

通过以下五步平分米：

①两次装满脸盆，倒入 7 千克的桶里。

②往 3 千克的脸盆里倒满米，再将脸盆里的米倒 1 千克在 7 千克的桶里，这样脸盆中还有 2 千克米。

③将 7 千克米全部倒入 10 千克的袋子中。

④将脸盆中剩余的 2 千克米倒入 7 千克的桶里。

⑤将袋子里的米倒 3 千克在脸盆中，再把脸盆中的米倒入桶里，这样桶和袋子里各有 5 千克米。

4. 卖果汁

老板倒 4 升的果汁到小华的瓶子里，然后把这些果汁倒到小力的瓶子里，小力就得到他想要的果汁了。现在果汁桶里还剩下 18 升的果汁，老板把这些果汁倒到小华的瓶子里，直到桶里的果汁高度是圆桶的一半就可以了，刚好只剩 15 升，而小华也得到了他想要的 3 升。

第二节　创意理财

1. 购物积分

先不要轻易说答案，你应该认真推理一番。

①首先考虑这位顾客现在的积分可不可能已经超过 60 分，但又不到 65 分——这样，如果她在最后一个月消费不满 1000 元就将被扣掉 5 分，导致年积分最后小于 60。不会的，因为 10 与 5 这两个数字无论如何加减，得数的个位数都会是 0 或 5。因此，这位顾客的此时的得分 $\leqslant 60$。

②同理，50 ~ 60 之间的得分也只有 50 和 55 是具有可能性的。

先看已有 55 分的情况是否可能：

根据商场的积分规则列方程，设前 11 个月消费满 1000 元的月份有 x 个，不满 1000 元的有 y 个，

$$\begin{cases} x+y=11 \\ 10x-5y=55 \end{cases}$$

解这个方程你会发现，无法得出整数解，而月份的个数必须是整数，所以，现在已经有 55 个积分的假设无法成立。

我们再来检验一下现在已经有 50 个积分的假设：

$$\begin{cases} x+y=11 \\ 10x-5y=50 \end{cases}$$

解方程，$x=7$，$y=4$，答案符合要求。

因此，这位顾客此刻的积分是 50 分，在前 11 个月里，他有 7 个月消费超过了 1000 元，有 4 个月消费不足 1000 元。

2. 获奖励的妙招

取出第三个金环，形成 1 个、2 个、4 个三组。第一周：领 1 个；第二周：领 2 个，还回 1 个；第三周：再领 1 个；第四周：领 4 个，还回 1 个和 2 个；第五周：再领 1 个；第六周：领 2 个，还回 1 个；第七周：领 1 个。

3. 难解的债务关系

只要让乙、丙、丁各拿出 10 元钱给甲就可以了，这样只动用了 30 元钱，否则，每个人都按照顺序还清的话就要动用 100 元钱。

第六章　图形王国乐无边

第一节　一维空间——“线”

1. 摆三角线

很简单，完全可以摆成一个三角形。题目并没有要求 3 根木棒必须首尾相接。

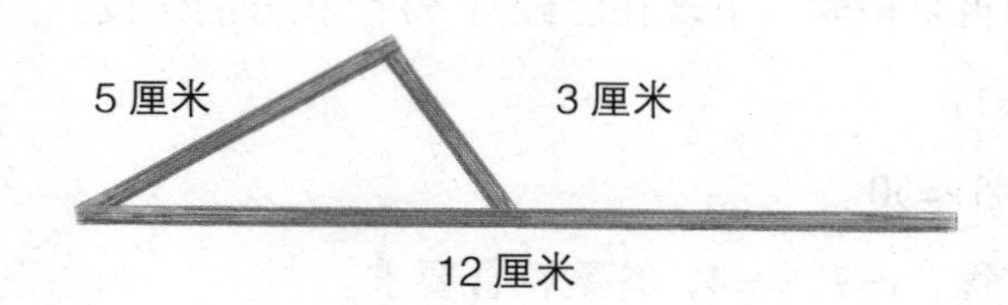

2. 巧摆木棍

能。

3. 穿冰糖葫芦

3 种。

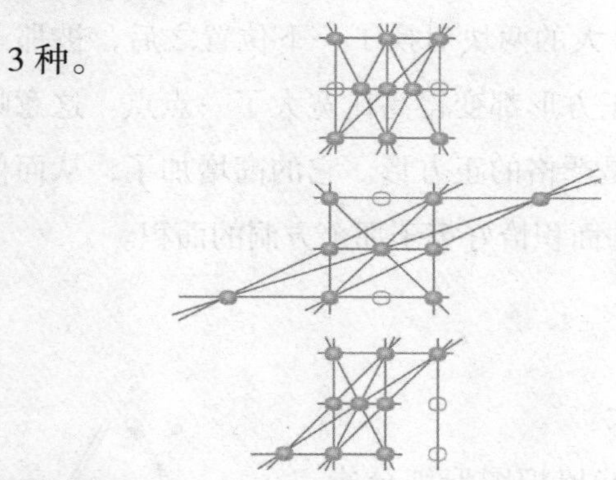

4. 大小圆环

3 周。

解答这道题，要用大圆环周长的 2 倍除以小圆环的周长，其实也就等于用大圆环半径的 2 倍除以小圆环的半径，$6\times2\div4=3$ 厘米。

第二节 二维空间——“面”

1. 扩大水池的方法

水池扩建的方法如图所示：

2. 逃跑的小正方形

5 小块图形中最大的两块对换了一下位置之后，被那条对角线切开的每个小正方形都变得高比宽大了一点点。这意味着这个大正方形不再是严格的正方形。它的高增加了，从而使得面积增加，所增加的面积恰好等于那个方洞的面积。

3. 分割三角形

②的面积比较大。

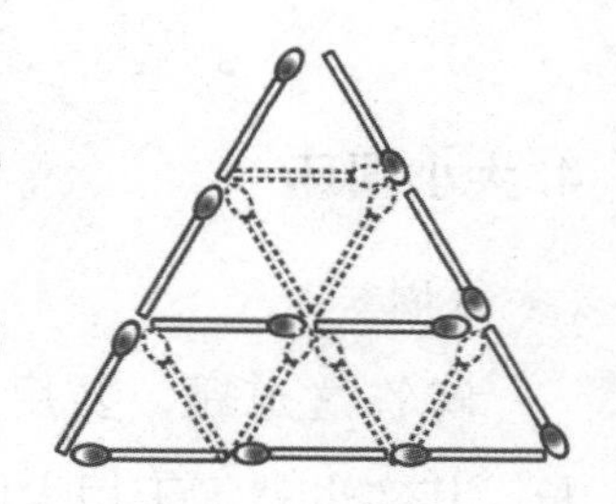

先多用几支火柴棒把图形细分成小等边三角形。可以看到，图形①中有 4 个小三角形，而在图形②中却有 5 个小三角形。

4. 一个比四个

一样大。

以小圆的半径为 r，4 个小圆面积为 $4\pi r^2$，大圆的面积为 $\pi(2r)^2$，也就是 $4\pi r^2$。

第三节　三维空间——“体”

1. 立方体的颜色

6 个小立方体一面是棕色；12 个小立方体两面是棕色；8 个小立方体三面是棕色；没有小立方体四面是棕色；1 个立方体所有的面都没有棕色。

2. 巧量对角线

从 B 点垂直支一根和砖块高度相等的木棍子，只需要用尺量 DC 的距离就行了。

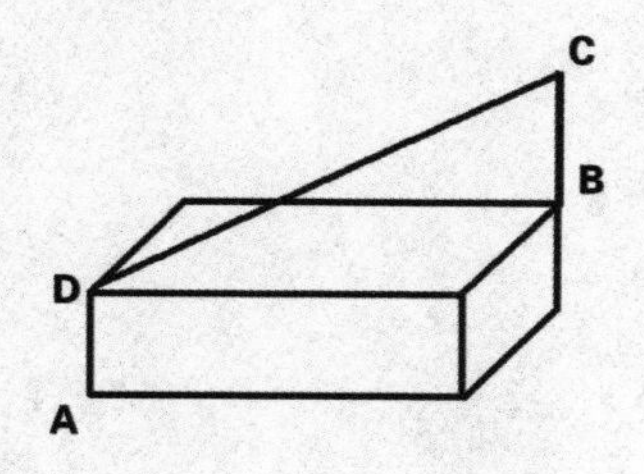

3. 切掉角的立方体

12 只角、10 个面和 20 条棱。

4. 找相同的空间体

与左图相符的图形是：A

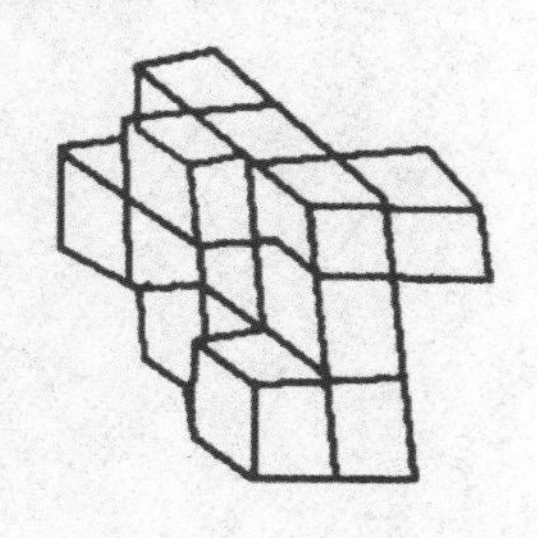